21世纪应用型本科院校规划教材

概率统计学考指导

主　编　陈荣军　钱　峰
副主编　高　枫　文　平　胡学荣　荆江雁
　　　　陶永祥　王忠英　王献东　范新华

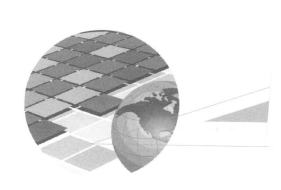

U0303843

南京大学出版社

内容提要

概率论与数理统计是由概率论和数理统计两门课程组合而成,为理工、经管等专业提供随机数学理论、方法和计算技巧的支撑。本书作为概率论与数理统计课程的配套学习指导书,定位服务于多元化生源下应用型本科院校的教学需要。

本书题型设置丰富,内容选择得当。具体包括随机事件与概率、随机变量及其分布、多维随机变量及其分布、随机变量的数字特征、大数定律与中心极限定理、数理统计的基础知识、参数估计、假设检验八个章节。本书由同步练习、模拟试卷、考研真题、参考答案四个部分组成。

由于水平有限,书中错误难免,望读者批评指正。

图书在版编目(CIP)数据

概率统计学考指导 / 陈荣军,钱峰主编. —— 南京：
南京大学出版社,2017.8(2024.7 重印)
  21 世纪应用型本科院校规划教材
  ISBN 978 - 7 - 305 - 18905 - 0

  Ⅰ. ①概… Ⅱ. ①陈… ②钱… Ⅲ. ①概率论—高等
学校—教材②数理统计—高等学校—教材 Ⅳ. ①021

中国版本图书馆 CIP 数据核字(2017)第 159403 号

出版发行　南京大学出版社
社　　址　南京市汉口路 22 号　　　　邮　编　210093
丛 书 名　21 世纪应用型本科院校规划教材
书　　名　**概率统计学考指导**
　　　　　GAILÜ TONGJI XUEKAO ZHIDAO
主　　编　陈荣军　钱峰
责任编辑　林美苏　单　宁　吴　汀　编辑热线　025 - 83597087
照　　排　南京南琳图文制作有限公司
印　　刷　南京京新印刷有限公司
开　　本　787×960　1/16　印张 8.75　字数 128 千
版　　次　2017 年 8 月第 1 版　2024 年 7 月第 15 次印刷
ISBN 978 - 7 - 305 - 18905 - 0
定　　价　26.00 元

网址：http://www.njupco.com
官方微博：http://weibo.com/njupco
官方微信号：njupress
销售咨询热线：(025) 83594756

目　录

第一部分　同步练习 ……………………………………………… 1

   第一章　随机事件与概率 …………………………………… 1

   第二章　随机变量及其分布 ………………………………… 21

   第三章　多维随机变量及其分布 …………………………… 34

   第四章　随机变量的数字特征 ……………………………… 43

   第五章　大数定律与中心极限定理 ………………………… 53

   第六章　数理统计的基础知识 ……………………………… 62

   第七章　参数估计 …………………………………………… 67

   第八章　假设检验 …………………………………………… 76

第二部分　模拟试卷 …………………………………………… 83

   模拟试卷一 …………………………………………………… 83

   模拟试卷二 …………………………………………………… 87

   模拟试卷三 …………………………………………………… 91

   模拟试卷四 …………………………………………………… 95

第三部分　考研真题 …………………………………………… 99

第四部分　参考答案 ·· 106

　第一章　随机事件与概率 ··································· 106

　第二章　随机变量及其分布 ································· 108

　第三章　多维随机变量及其分布 ····························· 110

　第四章　随机变量的数字特征 ······························· 112

　第五章　大数定律与中心极限定理 ························· 113

　第六章　数理统计的基础知识 ······························· 114

　第七章　参数估计 ··· 115

　第八章　假设检验 ··· 116

　模拟试卷一 ··· 120

　模拟试卷二 ··· 123

　模拟试卷三 ··· 126

　模拟试卷四 ··· 128

　考研真题 ··· 131

第一部分　同步练习

第一章　随机事件与概率

本章基本内容和要求

1. 随机试验与样本空间

（1）随机试验的概念（理解）

（2）样本空间的概念（理解）

2. 随机事件

（1）随机事件的概念（理解）

（2）事件的关系（理解）

（3）事件的运算（理解）

3. 频率与概率

（1）频率的概念（理解）

（2）频率的稳定性（了解）

（3）概率的定义（理解）

（4）概率的性质（理解）

4. 等可能概型（古典概型）

（1）古典概型的概念（理解）

（2）古典概型的概率计算（掌握）

5．条件概率，独立性

（1）条件概率（理解）

（2）乘法定理（理解）

（3）事件的独立性（理解）

（4）全概率公式和贝叶斯公式（掌握）

重点：概率基本概念、加法定理、条件概率、乘法定理、事件的独立性、全概率公式和贝叶斯公式

难点：古典概型、全概率公式和贝叶斯公式

A 组

一、填空题

1．从数字 1，2，3 中无放回地抽取两次，每次一个。用（X，Y）表示"第一次取数字 x，第二次取数字 y"的基本事件。则样本空间 $\Omega=$ _____。

2．100 件产品中有 3 件次品，任取 5 件全是次品是 _____ 事件，其概率为 _____。

3．设 A，B，C 表示三个事件，则事件"A，B，C 三个事件至少有两个发生"可表示为 _____。

4．以 A 表示事件"甲种产品畅销或乙种产品滞销"，则其对立事件 $\overline{A}$ 表示 _____。

5．$A\bigcup(C-B)=$ _____；$\overline{A\bigcup BC}=$ _____。

6．设事件 A，B 仅发生一个的概率为 0.3，且 $P(A)+P(B)=0.5$，则 A，B 至少有一个不发生的概率为 _____。

7．设 A，B 是随机事件，$P(A)=0.7$，$P(A-B)=0.3$，则 $P(AB)=$ _____。

8．设 A，B 为事件，且 $A\subset B$，则有 $P(B-A)=$ _____。

9．已知 $P(A)=0.45$，$P(B)=0.15$，$AB=\varnothing$，则 $P(A\bigcup B)=$ _____。

10. 设 A,B 为两个事件，$P(A)=0.5$，$P(A-B)=0.2$，则 $P(\overline{A}\cup\overline{B})=$ _____。

11. 设 A,B 为两个事件，已知 $P(A)=P(B)=\dfrac{1}{4}$，$P(AB)=\dfrac{1}{8}$，则 $P(\overline{A}\ \overline{B})=$ _____。

12. 古典概型的主要特点是：_____ 和 _____ _____。

13. 已知 10 件产品中有 3 件次品，不放回地从中抽取 2 件，一次抽一件，已知第一次取到的是正品，则第二次取到次品的概率为 _____。

14. 100 件产品中有 5 件次品，任取 10 件，恰有 2 件为次品的概率为 ____ _____。

15. 一盒中装有 5 个白球，2 个黑球，从中任取两个球，恰有一个黑球的概率是 _____。

二、选择题

1. 设 A,B 为任意两事件，则下列式子成立的是（　　　）。

　　A. $(A-B)+B=A$　　　　　　B. $(A+B)-AB=A$

　　C. $(A+B)-B=A$　　　　　　D. $(A-B)+AB+(B-A)=A+B$

2. 以 A 表示事件"甲种产品畅销，乙种产品滞销"，则其对立事件 $\overline{A}$ 为（　　　）。

　　A. "甲种产品滞销，乙种产品畅销"

　　B. "甲、乙两种产品均畅销"

　　C. "甲种产品滞销"

　　D. "甲种产品滞销或乙种产品畅销"

3. 甲乙两人进行射击，A、B 分别表示甲、乙射中目标，则 $\overline{A}+\overline{B}$ 表示（　　　）。

　　A. 二人都没射中　　　　　　B. 两人都射中

　　C. 二人没有都射中　　　　　D. 至少有一人射中

4. 设事件 A_1 与 A_2 同时发生必导致事件 A 发生，则下列结论正确的是

（　　）。

　　A. $P(A)=P(A_1A_2)$ 　　　　　　B. $P(A)\geqslant P(A_1)+P(A_2)-1$

　　C. $P(A)=P(A_1\bigcup A_2)$ 　　　　D. $P(A)\leqslant P(A_1)+P(A_2)-1$

5. 设事件 A 与 B 互不相容,则（　　）。

　　A. $P(\overline{A}\ \overline{B})=0$ 　　　　　　B. $P(AB)=P(A)P(B)$

　　C. $P(A)=1-P(B)$ 　　　　　　D. $P(\overline{A}\bigcup\overline{B})=1$

6. 设 A 与 B 是任意两不相容事件,且 $P(A)>0,P(B)>0$,则必有（　　）。

　　A. $P(A+\overline{B})=P(\overline{B})$ 　　　　B. $\overline{A}$ 和 $\overline{B}$ 相容

　　C. $\overline{A}$ 和 $\overline{B}$ 不相容 　　　　D. $P(A\overline{B})=P(\overline{B})$

7. 设 A 与 B 是任意两个事件,那么 $P(A-B)=$（　　）。

　　A. $P(A)-P(B)$ 　　　　　　B. $P(A)-P(B)+P(AB)$

　　C. $P(A)+P(\overline{B})-P(A\bigcup\overline{B})$ 　　D. $P(A)+P(\overline{B})-P(AB)$

8. 设 S,T 为随机事件,则下列各式中成立的是（　　）。

　　A. $P(ST)=P(S)P(T)$ 　　　　B. $P(S-T)=P(S)-P(T)$

　　C. $P(S\overline{T})=P(S-T)$ 　　　　D. $P(S+T)=P(S)+P(T)$

9. 对于任意两事件 A 与 B,若 $P(AB)=0$,则必有（　　）。

　　A. $\overline{A}\ \overline{B}=\varnothing$ 　　　　　　B. $P(A-B)=P(A)$

　　C. $P(A)P(B)=0$ 　　　　　　D. $\overline{A}\ \overline{B}\neq\varnothing$

10. 设随机事件 A 与 B 互不相容,$P(A)=p$,$P(B)=q$,则 $P(\overline{A}B)=$

（　　）。

　　A. $(1-p)q$ 　　B. pq 　　　　C. q 　　　　　D. p

11. 已知事件 A,B 满足 $P(AB)=P(\overline{A}\ \overline{B})$,且 $P(A)=0.4$,则 $P(B)=$

（　　）。

　　A. 0.4 　　　　B. 0.5 　　　　C. 0.6 　　　　D. 0.7

12. 已知 $P(B)=\beta,P(A-B)=\alpha$,则 $P(A\bigcup B)=$（　　）。

　　A. $\alpha+\beta$ 　　B. $\alpha-\beta$ 　　　C. $\alpha\beta$ 　　　D. $\alpha+\beta-\alpha\beta$

13. 若 $A\supset B,A\supset C,P(A)=0.9,P(\overline{B}\bigcup\overline{C})=0.8$,则 $P(A-BC)=$

（　　）。

A. 0.4　　　　B. 0.6　　　　C. 0.7　　　　D. 0.8

14. 10 件产品中有 3 件次品,从中随机抽出 2 件,至少抽到一件次品的概率是(　　)。

A. $\dfrac{1}{3}$　　　　B. $\dfrac{2}{5}$　　　　C. $\dfrac{7}{15}$　　　　D. $\dfrac{8}{15}$

15. 匣中有 4 只球,其中红球、黑球、白球各一只,另有一只红、黑、白三色球,再从匣中任取两球,其中恰有一球上有红色的概率为(　　)。

A. $\dfrac{1}{6}$　　　　B. $\dfrac{1}{3}$　　　　C. $\dfrac{1}{2}$　　　　D. $\dfrac{2}{3}$

16. 3 个人等可能地选择五条道路从起点走到终点,则至少有两人选择同一条道路的概率为(　　)。

A. $\dfrac{13}{25}$　　　　B. $\dfrac{2}{5}$　　　　C. $\dfrac{3}{5}$　　　　D. $\dfrac{13}{15}$

17. 一盒产品中有 a 只正品, b 只次品,有放回地任取两次,第二次取到正品的概率为(　　)。

A. $\dfrac{a-1}{a+b-1}$　　　　　　　　B. $\dfrac{a(a-1)}{(a+b)(a+b-1)}$

C. $\dfrac{a}{a+b}$　　　　　　　　　　D. $\left(\dfrac{a}{a+b}\right)^2$

18. 从一副 52 张的扑克牌中,任意抽出 5 张,其中没有 K 字牌的概率为(　　)。

A. $\dfrac{48}{52}$　　　　B. $\dfrac{C_{48}^5}{C_{52}^5}$　　　　C. $\dfrac{C_{48}^5}{52}$　　　　D. $\dfrac{48^5}{52^5}$

19. 盒子内装有 5 个红球和 15 个白球,从中不放回地取 10 次,每次取 1 个球,则第 5 次取球时取到的是红球的概率为(　　)。

A. $\dfrac{1}{5}$　　　　B. $\dfrac{1}{4}$　　　　C. $\dfrac{1}{3}$　　　　D. $\dfrac{1}{2}$

20. 袋中有 6 只红球,4 只黑球,今从袋中随机取出 4 只球。设取到一只红球得 2 分,取到一只黑球得 1 分,则得分不大于 6 的概率是(　　)。

A. $\dfrac{23}{42}$　　　　B. $\dfrac{4}{7}$　　　　C. $\dfrac{25}{42}$　　　　D. 21

21. 某人射击时,中靶的概率为 $\dfrac{3}{4}$,如果射击直到中靶为止,则射击次数

为 3 的概率为(　　)。

  A. $\dfrac{3}{64}$ B. $\dfrac{1}{64}$ C. $\dfrac{1}{4}$ D. $\dfrac{3}{4}$

22. 10 张奖券中含有 3 张中奖的奖券,现有三人每人购买 1 张,则恰有一

个中奖的概率为(　　)。

  A. $\dfrac{21}{40}$ B. $\dfrac{7}{40}$ C. 0.3   D. 0.7

三、计算题

1. 若 $P(A\bigcup B)=0.8,P(\overline{B})=0.4$,求 $P(\overline{B}A)$。

2. 从装有 5 个白球和 6 个红球的袋中任取一球,不放回地取三次,求:

(1) 取到两个红球和一个白球的概率;(2) 取到三个红球的概率。

3. 袋中有 9 个红球,3 个白球,从中任意取三个球,求:

(1) 三个球中恰有 1 个白球的概率;(2) 三个球中至少有 1 个白球的

概率。

4. 某油漆公司发出 17 桶油漆,其中白漆 10 桶、黑漆 4 桶、红漆 3 桶,在搬运过程中所有标签脱落,交货人随意将这些油漆发给顾客。问一个订货为 4 桶白漆、3 桶黑漆和 2 桶红漆的顾客,能按所定颜色如数得到订货的概率是多少?

5. 袋中有 10 个球,分别写有号码 1,2,3,…,10,从袋中任取 3 个球,求:

(1) 取出的球最大号码小于 5 的概率;(2) 至少有一个球的号码是奇数的概率。

6. 已知在 10 只产品中有 2 只次品,在其中取两次,每次任取一只,作不放回抽样,求下列事件的概率:

(1) 两只都是正品;(2) 一只是正品,一只是次品。

7. 一箱产品有 100 件,其中 10 件次品,出厂时作不放回抽样,开箱连续地抽验 3 件。若 3 件产品都合格,则准予该箱产品出厂。求一箱产品准予出厂的概率。

8. 将 3 个球随机地放入 4 个杯子中去,求杯子中球的最大个数分别为 1,2,3 的概率。

9. 在一标准英语字典中有 55 个由两个不相同的字母所组成的单词。若从 26 个英文字母中任取两个字母予以排列,求能排成上述单词的概率。

10. 将 n 件展品随机地放入 $N(N \geqslant n)$ 个橱窗中去,试求:

(1) 某指定 n 个橱窗中各有一件展品的概率;(2) 每个橱窗中至多有一件展品的概率(设橱窗的容量不限)。

11. 从 6 双不同的手套中任取 4 只,求:

(1) 其中恰有两只配对的概率;(2) 至少有两只手套配成一对的概率。

B 组

一、填空题

1. 如果 $P(A)>0,P(B)>0,P(A|B)=P(A)$,则 $P(B|A)=$ _____。

2. 随机事件 A,B 满足 $P(A)=0.5,P(B)=0.6,P(B|A)=0.8$,则 $P(A\cup B)=$ _____。

3. 试验 E 的样本空间为 S,A 为 E 的事件,B_1,B_2 为 S 的一个划分,且 $P(A)>0,P(B_1)>0,P(B_2)>0$,则 $P(B_1|A)=$ _____。

4. 袋中有 50 个乒乓球,其中 20 个是黄球,30 个是白球,两人依次从袋中各取一球,取后不放回。则第二个人取到黄球的概率是 _____。

5. 当事件 A,B,C 相互独立时,则有 $P(ABC)=$ _____。

6. A,B 为两事件,如果 $P(A)>0$ 且 $P(B|A)=P(B)$,则 A 与 B _____ _____。

7. 设 A,B 是两个随机事件,$P(A\cup B)=0.7,P(A)=0.4$,当 A,B 互不相容时,$P(B)=$ _____;当 A,B 相互独立时,$P(B)=$ _____。

8. 设 $P(A)=0.3,P(AB)=0.15$,且 A 与 B 相互独立,则 $P(A\cup B)=$ _____。

9. 设 A,B 为两事件,已知 $P(A)=0.4,P(B)=0.5$,若当 A,B 相互独立时,$P(A\cup B)=$ _____。

10. 设 A 与 B 相互独立,且 $P(A)=0.4,P(B)=0.5$,则 $P[\overline{A}|(A\cup B)]=$ _____。

11. 甲乙两人赌博约定五局三胜,设两人每局的胜率相等。在甲已胜二场,乙已胜一场的情况下,乙最终获胜的概率为_____。

12. 某车间有 5 台相互独立运行的设备,开工率均为 $\frac{1}{4}$,则有 3 台同时开工的概率为_____。

二、选择题

1. 设 A,B 是两个互相对立的事件,且 $P(A)>0,P(B)>0$,则下列结论正确的是(　　)。

　　A. $P(BA)>0$ 　　　　　　B. $P(AB)=P(A)$

　　C. $P(AB)=0$ 　　　　　　D. $P(AB)=P(A)P(B)$

2. 设 A,B 为任意两个事件,且 $A\subset B,P(B)>0$,则下列选项必然成立的是(　　)。

　　A. $P(A)<P(A|B)$ 　　　　B. $P(A)\leqslant P(A|B)$

　　C. $P(A)>P(A|B)$ 　　　　D. $P(A)\geqslant P(A|B)$

3. 设随机事件 A 与 B 互不相容,$P(A)=0.4,P(B)=0.2$,则 $P(A|B)=$(　　)。

　　A. 0 　　　　B. 0.2 　　　　C. 0.4 　　　　D. 0.5

4. 已知 $P(A)=0.6,P(B)=0.4,P(A|B)=0.45$,则 $P(A\bigcup B)=$(　　)。

　　A. 0.82 　　　B. 0.24 　　　C. 0.6 　　　D. 0.4

5. 若 $P(B|A)=1$,那么下列命题中正确的是(　　)。

　　A. $A\subset B$ 　　B. $B\subset A$ 　　C. $A-B=\varnothing$ 　　D. $P(A-B)=0$

6. 若事件 A 与 B 适合 $P(AB)=0$,则以下说法正确的是(　　)。

　　A. A 与 B 互斥 　　　　　　B. $P(A)=0$ 或 $P(B)=0$

　　C. A,B 同时出现是不可能事件 D. $P(A)>0$,则 $P(B|A)=0$

7. 设事件 A 与 B 互不相容,且 $P(A)\neq 0,P(B)\neq 0$,则下面结论正确的是(　　)。

　　A. $\overline{A}$ 与 $\overline{B}$ 互不相容 　　　　B. $P(B|A)>0$

C. $P(AB)=P(A)P(B)$ D. $P(A\overline{B})=P(A)$

8. 设 A,B 为两随机事件,且 $B\subset A$,则下列式子正确的是( )。

     A. $P(A+B)=P(A)$ B. $P(AB)=P(A)$

     C. $P(B|A)=P(B)$ D. $P(B-A)=P(B)-P(A)$

9. 若从有 10 件正品 2 件次品的一批产品中,任取两次,每次取 1 个,不放回。则第二次取出的是次品的概率是( )。

     A. $\dfrac{1}{66}$ B. $\dfrac{1}{6}$ C. $\dfrac{5}{36}$ D. $\dfrac{1}{36}$

10. 袋中有 5 个球,其中 3 个新球,2 个旧球,每次取 1 个,无放回地取球 2 次,则第二次取到新球的概率为( )。

     A. $\dfrac{3}{5}$ B. $\dfrac{5}{8}$ C. $\dfrac{5}{36}$ D. $\dfrac{3}{10}$

11. 对于任意两事件 A 与 B,有( )。

     A. 若 $AB\neq\varnothing$,则 A 与 B 一定独立

     B. 若 $AB\neq\varnothing$,则 A 与 B 可能独立

     C. 若 $AB=\varnothing$,则 A 与 B 一定独立

     D. 若 $AB=\varnothing$,则 A 与 B 一定不独立

12. 设 A,B,C 为三个事件,且 A,B 相互独立,则以下结论中不正确的是( )。

     A. 若 $P(C)=1$,则 AC 与 BC 也独立

     B. 若 $P(C)=1$,则 $A\cup C$ 与 B 也独立

     C. 若 $P(C)=0$,则 $A\cup C$ 与 B 也独立

     D. 若 $C\subset B$,则 A 与 C 也独立

13. 对于事件 A,B,下列命题正确的是( )。

     A. 若 A,B 互不相容,则 $\overline{A}$ 与 $\overline{B}$ 也互不相容

     B. 若 A,B 相容,那么 $\overline{A}$ 与 $\overline{B}$ 也相容

     C. 若 A,B 互不相容,且概率都大于零,则 A,B 也相互独立

     D. 若 A,B 相互独立,那么 $\overline{A}$ 与 $\overline{B}$ 也相互独立

14. 设 A,B,C 三事件两两独立,则 A,B,C 相互独立的充分必要条件是（　　）。

　　A. A 与 BC 独立　　　　　　　B. AB 与 $A \cup C$ 独立

　　C. AB 与 AC 独立　　　　　　　D. $A \cup B$ 与 $A \cup C$ 独立

15. 设 A_1,A_2 两个随机事件相互独立,当 A_1,A_2 同时发生时,必有 A 发生,则（　　）。

　　A. $P(A_1 A_2) \leqslant P(A)$　　　　　　B. $P(A_1 A_2) \geqslant P(A)$

　　C. $P(A_1 A_2) = P(A)$　　　　　　D. $P(A_1) P(A_2) = P(A)$

16. 设 $0 < P(A) < 1, 0 < P(B) < 1, P(A|B) + P(\overline{A}|\overline{B}) = 1$,则以下结论正确的是（　　）。

　　A. A,B 互不相容　　　　　　　B. A,B 相互独立

　　C. A,B 相互对立　　　　　　　D. A,B 互不独立

17. 设 A_1,A_2,A_3 为三个独立事件,且 $P(A_k) = p, (k=1,2,3, 0<p<1)$,则这三个事件不全发生的概率是（　　）。

　　A. $(1-p)^2$　　　　　　　　　B. $3(1-p)$

　　C. $1-p^3$　　　　　　　　　　D. $3p(1-p)^2$

18. 掷一枚不均匀的硬币,正面朝上的概率为 $\dfrac{2}{3}$,若将此硬币掷四次,则正面朝上三次的概率是（　　）。

　　A. $\dfrac{8}{81}$　　　　B. $\dfrac{8}{27}$　　　　C. $\dfrac{32}{81}$　　　　D. $\dfrac{3}{10}$

19. 设一次试验中 A 发生的概率为 p,重复进行 n 次试验,事件 A 至少发生一次的概率为（　　）。

　　A. p　　　　　　　　　　　B. $np(1-p)^{n-1}$

　　C. $p(1-p)^{n-1}$　　　　　　　D. $1-(1-p)^n$

20. 设在一次试验中事件 A 发生的概率为 p,现重复进行 n 次独立试验,事件 A 至多发生一次的概率为（　　）。

　　A. $1-p^n$　　　　　　　　　B. p^n

C. $1-(1-p)^n$ D. $(1-p)^n+np(1-p)^{n-1}$

三、计算题

1. 从装有 10 个白球和 6 个红球的袋中任取 1 球,取后不放回,取两次。求:

(1) 两次都取到红球的概率;(2) 第二次才取到红球的概率。

2. 某工厂有甲、乙、丙三个车间,每个车间的产量分别占全厂的 25%,35%,40%,各车间的次品率分别为 5%,4%,2%,求全厂的正品率。

3. 已知一批产品中 90% 是合格品,检查时,一个合格品被误认为是次品的概率为 0.05,一个次品被误认为是合格品的概率为 0.02,求:

(1) 一个产品经检查后被认为是合格品的概率;

(2) 一个经检查后被认为是合格品的产品确是合格品的概率。

4. 市场上出售的某种商品由三个厂家同时供货, 其供应量第一厂家为第二厂家的两倍, 第二、第三厂家相等, 且第一、第二、第三厂家的次品率依次为 2%, 2%, 4%。若在市场上随机购买一件商品为次品, 问该件商品是第一厂家生产的概率为多少?

5. 有两箱同种类的零件, 第一箱 50 只, 其中 10 只一等品; 第二箱 30 只, 其中 18 只一等品。今从两箱中任取一箱, 然后再从该箱中任取一只, 求:

（1）取到一等品的概率;（2）若取到的是一等品, 其取自第一箱的概率。

6. A 袋装有 3 个红球和 2 个白球, B 袋装有 2 个红球和 3 个白球, 等可能地在 A 袋、B 袋中任选一袋, 并在该袋中随机地取一球。求:

（1）该球是白球的概率是多少?（2）若已知取到的是白球, 则该球取自 A 袋的概率是多少?

7. 某厂产品的合格率为 0.96,采用新方法测试,一件合格品经检查而获准出厂的概率为 0.95,而一件废品经检查而获准出厂的概率为 0.05,试求使用该法后,获得出厂许可的产品是合格品的概率及未获得出厂许可的产品是废品的概率各为多少?

8. 两台机床加工同样的零件,第一台出现废品的概率为 0.03,第二台出现废品的概率为 0.02,已知第一台加工的零件比第二台加工的零件多一倍,加工出来的零件放在一起,求:任意取出的零件是合格品的概率。

9. 某人忘记了电话号码的最后一个数字,因而他随意地拨号,求他拨号不超过三次而接通所需电话的概率。若已知最后一个数字是奇数,那么此概率是多少?

10. 设甲袋中装有 n 只白球、m 只红球；乙袋中装有 a 只白球、b 只红球。今从甲袋中任意取一只球放入乙袋中，再从乙袋中任意取一只球，求：

(1) 取到白球的概率是多少？(2) 若取到的是白球，则从甲袋中取出的也是白球的概率是多少？

11. 两个信号甲与乙传输到接收站，已知把信号甲错收为乙的概率为 0.02，把信号乙错收为甲的概率为 0.01，而甲发射的机会是乙的 2 倍，求：

(1) 收到信号乙的概率；(2) 收到信号乙而发射的是信号甲的概率。

12. 袋中装有 m 只正品硬币、n 只次品硬币（次品硬币的两面均印有国徽）。在袋中任取一只，将它投掷 r 次，已知每次都得到国徽。问这枚硬币是正品的概率是多少？

13. 已知男子有 5% 是色盲患者, 女子有 0.25% 是色盲患者, 今从男女人数相等的人群中随机地挑选一人。

(1) 求此人是色盲患者的概率; (2) 若此人恰好是色盲患者, 问此人是男性的概率?

14. 一道选择题有 5 个备选答案, 其中只有一个答案是正确的。据估计有 80% 的考生知道这题的正确答案; 当考生不知道正确答案时, 他就作随机选择。已知某考生答对了, 问他知道该题正确答案的概率是多少?

15. 有 3 个同样的箱子, 第一箱中有 20 个白球, 第二箱中有 10 个白球和 10 个黑球, 第三箱中只有 20 个黑球, 现随意取一个箱子, 然后再从中取一球, 求:

(1) 取得白球的概率; (2) 在取得的是白球的条件下, 其取自第二箱的概率。

16. 设 A, B 相互独立，$P(A) = 0.7$，$P(A \cup B) = 0.88$，求 $P(A - B)$。

17. 一个工人照看三台机床，在一小时内，甲、乙、丙三台机床需要人照看的概率分别是 $0.8, 0.9, 0.85$，求在一小时内没有一台机床需要照看的概率。

18. 张、王、赵三名同学各自独立地去解一道数学难题，他们能解出的概率分别为 $\frac{1}{5}, \frac{1}{3}, \frac{1}{4}$，试求：

（1）恰有一人解出难题的概率；（2）难题被解出的概率。

19. 电池 A, B, C 安装线路如图。A, B, C 是独立的，损坏的概率分别为 $0.3, 0.2, 0.1$。求电路发生断路的概率。

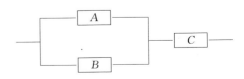

20. 设有 4 个独立工作的元件 $1,2,3,4$。它们的可靠性分别为 $p_1,p_2,$ p_3,p_4，将它们按下图方式连接。求该系统的可靠性。

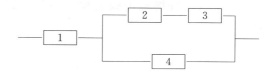

21. 某宾馆大楼有 4 部电梯，通过调查，知道在某时刻 T，各电梯在运行的概率均为 0.7，求在此时刻至少有 1 台电梯在运行的概率。

22. 甲、乙两战士同时独立地向一目标射击，已知甲命中率为 0.7，乙命中率为 0.6。求：

（1）甲、乙都击中的概率；（2）目标被击中的概率；（3）在已知目标被击中的条件下，目标被甲击中的概率。

23. A, B, C 三人向一飞行物射击, A, B, C 命中目标的概率分别为 0.6, 0.5, 0.4, 至少同时有两人击中时, 飞行物才坠毁。

（1）求飞行物被击毁的概率;（2）已知飞行物被击毁, 求被 A 击中的概率。

24. 若干门炮独立地向飞行物射击, 命中率均为 0.2, 只有当飞行物同时被两门或以上的炮击中后才会坠落, 求:

（1）当配备 4 门炮时, 飞行物坠落的概率;（2）至少配备多少门炮, 才至少有 90% 的把握击中飞行物?（设 $\lg 2 = 0.3$）。

第二章　随机变量及其分布

本章基本内容和要求

1. 随机变量

(1) 随机变量的概念(理解)

(2) 概率分布的概念(理解)

2. 离散型随机变量的概率分布

(1) 离散型随机变量的分布律的概念(理解)

(2) 重要的常见分布:0-1分布、二项分布、泊松分布(掌握)

3. 随机变量的分布函数

(1) 分布函数的概念(理解)

(2) 分布函数的性质(理解)

4. 连续型随机变量的概率分布

(1) 概率密度的概念及性质(理解)

(2) 均匀分布和正态分布(掌握)

(3) 查表计算正态分布随机变量的概率

5. 随机变量函数的分布

(1) 随机变量的函数的分布(掌握)

(2) 随机变量的函数分布的计算(掌握)

重点:概率分布的概念、分布函数和概率密度、0-1分布、二项分布、泊松分布、正态分布

难点:求分布函数

一、填空题

1. 设随机变量 X 可取 $0,1,2$ 三个值,且 $P\{X=0\}=0.2, P\{X=1\}=$

0.5,则 $P\{X=2\}=$ _____。

2. 随机变量 X 的分布函数为 $F(x)$,则 $F(b)-F(a)=P\{$ _____ $\}$。

3. 已知随机变量 X 的概率密度为 $f_X(x)$,令 $Y=-2X$,则 Y 的概率密度 $f_Y(y)$ 为 _____。

4. 已知连续型随机变量 X 的分布函数为 $F(x)=\begin{cases}0, & x<0 \\ x^2, & 0\leqslant x<1 \\ 1, & x\geqslant 1\end{cases}$,则

$P\left\{X>\dfrac{2}{3}\right\}=$ _____。

5. 设随机变量 X 的分布律为 $P\{X=k\}=\dfrac{k+1}{10}$,$(k=0,2,5)$,则 $P\{X>1\}=$ _____。

6. 设随机变量 X 的概率密度是 $f(x)=\begin{cases}3x^2, & 0<x<1 \\ 0, & 其他\end{cases}$,且 $P\{X\geqslant\alpha\}=0.784$,则 $\alpha=$ _____。

7. 设某随机变量 X 的分布律为 $P\{X=k\}=C\left(\dfrac{1}{3}\right)^k,k=1,2,3,4$,则 $C=$ _____。

8. 随机变量 X 的分布函数为 $F(x)=\begin{cases}0, & x<1 \\ 0.4, & 1\leqslant x<2 \\ 0.5, & 2\leqslant x<3 \\ 1, & x\geqslant 3\end{cases}$,则 $P\{1.5<X\leqslant 2.5\}=$ _____。

9. 已知随机变量 X 的分布函数为 $F(x)=\begin{cases}0, & x<1 \\ 0.4, & 1\leqslant x<2 \\ 0.5, & 2\leqslant x<3 \\ 1, & x\geqslant 3\end{cases}$,则 $P\{X=1\}=$ _____,$P\{X=2\}=$ _____,$P\{X=3\}=$ _____。

10. 随机变量 X 的分布函数为 $F(x)$,则对于任意实数 $x_1,x_2(x_1<x_2)$,有 $P\{x_1<X\leqslant x_2\}=$ _____。

11. 随机变量 X 的分布函数为 $F(x)=\begin{cases}0, & x<1 \\ \ln x, & 1\leqslant x<e,则随机变量 X \\ 1, & x\geqslant e\end{cases}$

的概率密度函数为 _____。

12. 某班工人每天生产中出现次品数 X 的概率分布为

X	1	2	3	4
P	0.2	0.3	0.4	0.1

则平均每天出次品 _____ 件。

13. 若随机变量 $X\sim N(1,4),Y\sim N(2,9)$,且 X 与 Y 相互独立。设 $Z=X-Y+3$,则 $Z\sim$ _____。

14. 某楼有供水龙头 5 个,调查表明每一龙头被打开的概率为 $\dfrac{1}{10}$,则恰有 3 个水龙头同时被打开的概率为 _____。

15. 设随机变量 $X\sim N(1,4)$,已知 $\Phi(0.5)=0.6915,\Phi(1.5)=0.9332$,则 $P\{|X|<2\}=$ _____。

16. 设随机变量 $X\sim N(2,\sigma^2)$,且 $P\{2<X<4\}=0.3$,则 $P\{X<0\}=$ _____。

17. 设随机变量 X 服从 $\lambda=2$ 的泊松分布,则 $P\{X\geqslant 1\}=$ _____。

18. 若连续型随机变量 $X\sim N(10,10^2)$,则 $Z=\dfrac{X-10}{10}$ 服从 _____ 分布。

19. 设随机变量 X 的分布律为 $P\{X=k\}=a\dfrac{\lambda^k}{k!},(k=0,1,2,3,\cdots),\lambda>0$ 为常数,则 $a=$ _____。

20. $X\sim N(-1,2^2),Y=-2X+1\sim N(\underline{\hspace{2cm}},\underline{\hspace{2cm}})$.

21. 设随机变量 X 具有概率密度, $f(x) = \begin{cases} ke^{-3x}, & x>0 \\ 0, & x\leqslant 0 \end{cases}$, 则常数 $k=$

_____。

22. 设连续型随机变量 X 服从正态分布 $X \sim N(\mu, \sigma^2)$, 则 X 的概率密度

为 $f(x) = $_____。

23. 若随机变量 $X \sim P(2)$, 则 X 的分布律 $P\{X=k\} = $_____。

二、选择题

1. 下列函数中, 可作为某一随机变量的分布函数是( )。

A. $F(x) = 1 + \dfrac{1}{x^2}$

B. $F(x) = \dfrac{1}{2} + \dfrac{1}{\pi}\arctan x$

C. $F(x) = \begin{cases} \dfrac{1}{2}(1-e^{-x}), & x>0 \\ 0, & x\leqslant 0 \end{cases}$

D. $F(x) = \displaystyle\int_{-\infty}^{x} f(t)\mathrm{d}t$, 其中 $\displaystyle\int_{-\infty}^{+\infty} f(t)\mathrm{d}t = 1$

2. 已知随机变量 X 的概率密度为 $f_X(x)$, 令 $Y=-2X$, 则 Y 的概率密度 $f_Y(y)$ 为( )。

A. $2f_X(-2y)$

B. $f_X\left(-\dfrac{y}{2}\right)$

C. $-\dfrac{1}{2}f_X\left(-\dfrac{y}{2}\right)$

D. $\dfrac{1}{2}f_X\left(-\dfrac{y}{2}\right)$

3. 设随机变量 X 的密度函数为 $f(x)$, 则 $Y=5-2X$ 的密度函数为 ( )。

A. $-\dfrac{1}{2}f\left(-\dfrac{y-5}{2}\right)$

B. $\dfrac{1}{2}f\left(-\dfrac{y-5}{2}\right)$

C. $-\dfrac{1}{2}f\left(-\dfrac{y+5}{2}\right)$

D. $\dfrac{1}{2}f\left(-\dfrac{y+5}{2}\right)$

4. 连续型随机变量 X 的密度函数 $f(x)$ 必满足条件（　　）。

    A. $0 \leqslant f(x) \leqslant 1$　　　　　　　B. 在定义域内单调不减

    C. $\int_{-\infty}^{+\infty} f(x)\mathrm{d}x = 1$　　　　　D. $\lim\limits_{x \to +\infty} f(x) = 1$

5. 连续型随机变量 X 的密度函数为 $f(x)$，则 $\int_{-\infty}^{+\infty} f(x)\mathrm{d}x = $（　　）。

    A. $F(x)$　　　　B. 1　　　　C. $f(x)$　　　　D. 以上都不正确

6. 设 X 的概率密度函数为 $f(x)$，且 $f(-x) = f(x)$，X 的分布函数为 $F(x)$，则对任意实数 a，$F(-a) = $（　　）。

    A. $1 - \int_0^a f(x)\mathrm{d}x$　　　　　B. $\dfrac{1}{2} - \int_0^a f(x)\mathrm{d}x$

    C. $F(a)$　　　　　　　　　　D. $2F(a) - 1$

7. 设 $X \sim N(10, 8^2)$，用标准正态分布函数 Φ 表示 $P\{0 < X < 20\} = $（　　）。

    A. $2\Phi\left(\dfrac{5}{4}\right) - 1$　　　　　　B. $\Phi(20)$

    C. $2\Phi\left(\dfrac{5}{32}\right) - 1$　　　　　D. $\Phi\left(\dfrac{5}{4}\right)$

8. 已知 $X \sim N(50, 16)$，$\overline{X} = \dfrac{1}{16}\sum\limits_{i=1}^{16} X_i$，则 $P(\overline{X} < 48) = $（　　）。

    A. $1 - \Phi(2)$　　　　　　B. $2\Phi(2) - 1$

    C. $\Phi(3)$　　　　　　　　D. $1 - 2\Phi(2)$

9. 设 $X \sim N(1, 3)$，则下列随机变量服从 $N(0, 1)$ 的是（　　）。

    A. $\dfrac{X-1}{\sqrt{3}}$　　　　　　　B. $\dfrac{X-1}{3}$

    C. $\dfrac{X}{\sqrt{3}}$　　　　　　　D. $\dfrac{X}{3}$

三、计算题

1. 设随机变量 X 的分布律为

X	-1	0	2
P	0.3	0.4	0.3

求：(1) 分布函数 $F(x)$；(2) $P\{-1 \leqslant X \leqslant 1\}$。

2. 随机变量 X 的分布函数为 $F(x) = \begin{cases} 0, & x < 1 \\ \ln x, & 1 \leqslant x < e, \text{求：} \\ 1, & x \geqslant e \end{cases}$

(1) $P\left\{2 < X < \dfrac{5}{2}\right\}$；(2) 概率密度 $f(x)$。

3. 随机变量 X 的分布律为

X	-2	-1	0	1	3
P	$\dfrac{1}{5}$	$\dfrac{1}{6}$	$\dfrac{1}{5}$	$\dfrac{1}{15}$	$\dfrac{11}{30}$

求：(1) $Y = X^2$ 的分布律；(2) $P\{0 \leqslant Y < 4\}$。

4. 设随机变量 X 的分布律为

X	-1	1	2
P	0.2	0.5	0.3

求:(1) 分布函数 $F(x)$;(2) $P\{-1 \leqslant X \leqslant 1.5\}$。

5. 设随机变量 X 的分布函数为 $F(x) = \begin{cases} A + Be^{-2x}, & x > 0 \\ 0, & x \leqslant 0 \end{cases}$,求:

(1) 系数 A, B;(2) $P\{0 < X < 1\}$。

6. 随机变量 X 的分布律为

X	-2	-1	0	1	2
P	0.1	0.2	0.25	0.2	0.25

求:(1) $Y = |X|$ 的分布律;(2) $P\{0 \leqslant Y < 2\}$。

7. 设随机变量 X 的概率密度函数为

$$f(x)=\begin{cases}Ax, & 0{\leqslant}x{\leqslant}1 \\ 0, & \text{其他}\end{cases},$$

求：(1) 常数 A；(2) $P\{0.5{<}X{<}2\}$。

8. 设 X 的分布律为

X	-1	1	2
P	$\dfrac{1}{3}$	$\dfrac{1}{2}$	$\dfrac{1}{6}$

(1) 求 X 的分布函数；(2) 求 $P\{0{<}X{\leqslant}2\}$。

9. 已知连续型随机变量 X 的概率密度为 $f(x)=\begin{cases}kx+1, & 0{\leqslant}x{\leqslant}2 \\ 0, & \text{其他}\end{cases}$，

求：

(1) 常数 k；(2) 分布函数 $F(x)$。

10. 设 X 是连续型随机变量，已知 X 的密度函数为 $f(x)=\begin{cases} Ae^{-\lambda x}, & x\geqslant 0 \\ 0, & x<0 \end{cases}$，其中 λ 为正常数。试求：

（1）常数 A；（2）X 的分布函数 $F(x)$。

11. 设随机变量 X 的分布律为

X	-2	-1	0	1	3
P	$\dfrac{1}{5}$	$\dfrac{1}{6}$	$\dfrac{1}{5}$	$\dfrac{1}{15}$	$\dfrac{11}{30}$

求：(1) $Y=X^2$ 的分布律；(2) $P\{Y<2\}$。

12. 设随机变量 X 的概率密度为 $f(x)=\begin{cases} 2\left(1-\dfrac{1}{x^2}\right), & 1\leqslant x\leqslant 2 \\ 0, & 其他 \end{cases}$，求：

（1）X 的分布函数；（2）$P\left\{\dfrac{3}{2}<X<3\right\}$。

13. 设随机变量 X 的分布律为

X	-2	-1	0	1	3
P	$\dfrac{1}{5}$	$\dfrac{1}{6}$	$\dfrac{1}{5}$	$\dfrac{1}{15}$	c

求:(1) 常数 c;(2) $Y = X^2$ 的分布律。

14. 设随机变量 X 的密度函数为 $f(x) = Ce^{-\frac{|x|}{a}}$ $(a > 0)$,求:
(1) 常数 C;(2) X 的分布函数。

15. 设随机变量 X 的密度函数为 $f(x) = \begin{cases} A\ln x, & x \in (1, e) \\ 0, & 其他 \end{cases}$,求:

(1) 常数 A;(2) $P\left\{ X > \dfrac{e}{2} \right\}$。

16. 设随机变量 X 具有概率密度 $f(x)=\begin{cases} kx, & 0\leqslant x<3 \\ 2-\dfrac{x}{2}, & 3\leqslant x\leqslant 4, \\ 0, & 其他 \end{cases}$,求:

(1) 常数 k;(2) $P\{1<X\leqslant 2\}$。

17. 设随机变量 X 的概率密度为 $f(x)=\begin{cases} \mathrm{e}^{-x}, & x>0 \\ 0, & 其他 \end{cases}$,求:

(1) $P\{X\leqslant 5\}$;(2) $Y=X^2$ 的概率密度。

18. 设随机变量 $X\sim N(0,1)$,求随机变量 $Y=\sigma X+\mu(\sigma>0)$ 的概率密度。

19. 设随机变量 X 的分布函数为 $F(x)=\begin{cases}0, & x\leqslant 0 \\ Ax^2, & 0<x\leqslant 1, \text{求}: \\ 1, & x>1\end{cases}$

（1）常数 A；（2）X 落在 $[-1,0.5]$ 内的概率。

20. 今 A,B 两人向目标各射击一次，A,B 两人命中率分别为 0.3 和 0.4，设 X 表示两人命中的次数和，求 X 的分布律。

21. 设随机变量 X 的概率密度函数为 $f(x)=\begin{cases}2x, & 0<x<1 \\ 0, & \text{其他}\end{cases}$，对 X 进行 n 次独立重复的观测，求观测值不大于 0.1 的次数 Y 的概率分布。

22. 设随机变量 X 的密度函数 $f(x)=\begin{cases}\dfrac{k}{x^2}, & 1<X<2 \\ 0, & \text{其他}\end{cases}$，求：

(1) 常数 k；(2) $P\left\{\dfrac{4}{5}<X<\dfrac{4}{3}\right\}$。

23. 设随机变量 X 的密度函数 $f(x)=\begin{cases}2Ax, & 0\leqslant x\leqslant1 \\ 0, & \text{其他}\end{cases}$，求：

(1) 常数 A；(2) $P\{0.3<X<0.7\}$。

第三章 多维随机变量及其分布

本章基本内容和要求

1. 二维随机变量

(1) 二维随机变量与联合分布（理解）

(2) 联合分布与概率密度（理解）

2. 边缘分布

(1) 边缘分布的概念（理解）

(2) 边缘分布的计算（掌握）

3. 条件分布

(1) 条件分布的概念（理解）

(2) 条件分布的计算（掌握）

4. 相互独立的随机变量

(1) 随机变量的独立性（理解）

(2) 利用独立性计算概率（掌握）

5. 两个随机变量的函数的分布

(1) $Z = x + y$ 分布（掌握）

(2) $M = \text{Max}(x, y)$（掌握）

(3) $N = \text{Min}(x, y)$（掌握）

重点：二维随机变量联合分布与概率密度

难点：两个随机变量的函数的分布：$Z = x + y$ 分布、$M = \text{Max}(x, y)$ 及 $N = \text{Min}(x, y)$ 分布

一、选择题

1. 设离散型随机变量 X 和 Y 的联合概率分布为

(X,Y)	$(1,1)$	$(1,2)$	$(1,3)$	$(2,1)$	$(2,2)$	$(2,3)$
P	$\dfrac{1}{6}$	$\dfrac{1}{9}$	$\dfrac{1}{18}$	$\dfrac{1}{3}$	α	β

若 X,Y 独立,则 α,β 的值为(　　)。

　A. $\alpha=\dfrac{2}{9},\beta=\dfrac{1}{9}$ 　　　　　B. $\alpha=\dfrac{1}{9},\beta=\dfrac{2}{9}$

　C. $\alpha=\dfrac{1}{6},\beta=\dfrac{1}{6}$ 　　　　　D. $\alpha=\dfrac{5}{18},\beta=\dfrac{1}{18}$

2. 随机变量 (X,Y) 的联合分布函数为 $F(x,y)$,则 (X,Y) 关于 Y 的边缘分布函数 $F_Y(y)$ 为(　　)。

　A. $F(x,+\infty)$ 　　　　　B. $F(x,-\infty)$

　C. $F(-\infty,y)$ 　　　　　D. $F(+\infty,y)$

3. 设两个相互独立的随机变量 X 与 Y 分别服从正态分布 $N(0,1)$ 和 $N(1,1)$,则(　　)。

　A. $P(X+Y\leqslant 0)=\dfrac{1}{2}$ 　　　　　B. $P(X+Y\leqslant 1)=\dfrac{1}{2}$

　C. $P(X-Y\leqslant 0)=\dfrac{1}{2}$ 　　　　　D. $P(X-Y\leqslant 1)=\dfrac{1}{2}$

4. 设相互独立的两个随机变量 X 与 Y 具有同一分布律,且 X 的分布律

为

X	0	1
P	$\dfrac{1}{2}$	$\dfrac{1}{2}$

,则随机变量 $Z=\max(X,Y)$ 的分布律为(　　)。

　A. $P(Z=0)=\dfrac{1}{2},P(Z=1)=\dfrac{1}{2}$

　B. $P(Z=0)=1,P(Z=1)=0$

　C. $P(Z=0)=\dfrac{1}{4},P(Z=1)=\dfrac{3}{4}$

　D. $P(Z=0)=\dfrac{3}{4},P(Z=1)=\dfrac{1}{4}$

5. 设两个随机变量 X 与 Y 相互独立且同分布 $P(X=-1)=P(Y=-1)$

$=\dfrac{1}{2}$，$P(X=1)=P(Y=1)=\dfrac{1}{2}$，则以下说法正确的是（　　）。

　　A. $X=Y$　　　　　　　　B. $P\{X=Y\}=1$

　　C. $P\{X=Y\}=\dfrac{1}{2}$　　　　　D. 以上都不正确

二、解答题

1. 设 X 和 Y 的联合分布列为

Y\X	1	2	3
1	$\dfrac{1}{6}$	$\dfrac{1}{9}$	$\dfrac{1}{18}$
2	$\dfrac{1}{3}$	a	b

，当 a,b 各为何

值时，X 和 Y 相互独立？

2. 设二维随机变量 (X,Y) 的概率密度为 $f(x,y)=\begin{cases} e^{-y}, & 0<x<y \\ 0, & \text{其他} \end{cases}$。

（1）求边缘概率密度 $f_X(x),f_Y(y)$；（2）判定 X 与 Y 是否相互独立。

3. 设随机变量 (X,Y) 的概率密度为 $f(x,y)=\begin{cases}x\mathrm{e}^{-y}, & 0<x<y<+\infty \\ 0, & \text{其他}\end{cases}$。

（1）求边缘概率密度 $f_X(x)$ 与 $f_Y(y)$；（2）判断 X 与 Y 是否独立。

4. 二维随机变量 (X,Y) 的概率密度为 $f(x,y)=\begin{cases}A\mathrm{e}^{-(x+2y)}, & x>0,y>0 \\ 0, & \text{其他}\end{cases}$。

（1）求系数 A；（2）求 X,Y 的边缘密度函数；（3）判断 X 与 Y 是否独立。

5. 二维随机变量 (X,Y) 的联合密度函数为 $f(x,y)=\begin{cases}Ay(1-y), & 0\leqslant x\leqslant 1,0\leqslant y\leqslant x \\ 0, & \text{其他}\end{cases}$。

（1）确定常数 A；（2）求关于 X 的边缘密度函数。

6. 设 (X,Y) 的联合密度函数为 $f(x,y) = \dfrac{1}{\pi^2(1+x^2)(1+y^2)}$，$-\infty < x < +\infty$，$-\infty < y < +\infty$。

（1）求边缘密度 $f_X(x)$，$f_Y(y)$；（2）判断 X,Y 是否独立。

7. 设二维随机变量 (X,Y) 的联合密度为 $f(x,y) = \begin{cases} 2e^{-(2x+y)}, & x>0, y>0 \\ 0, & \text{其他} \end{cases}$。

（1）求 X,Y 的边缘概率密度；（2）问 X 和 Y 是否相互独立？

8. 设二维随机变量 (X,Y) 的概率密度为 $f(x,y) = \begin{cases} Cxy^2, & 0<x<1, 0<y<1 \\ 0, & \text{其他} \end{cases}$。

（1）确定常数 C；（2）求边缘概率密度 $f_X(x)$，$f_Y(y)$；（3）判断 X 与 Y 的独立性。

9. 设二维随机变量（X, Y）的概率密度为 $f(x, y) =$
$$\begin{cases} ky(2-x), & 0 \leqslant x \leqslant 1, 0 \leqslant y \leqslant x \\ 0, & \text{其他} \end{cases}$$

（1）求常数 k；（2）求边缘概率密度。

10. 设二维随机变量（X, Y）的密度函数为 $f(x, y) =$
$$\begin{cases} ce^{-(3x+4y)}, & x > 0, y > 0 \\ 0, & \text{其他} \end{cases}$$

（1）确定常数 c；（2）求边缘分布密度 $f_X(x), f_Y(y)$。

11. 设随机变量 X 和 Y 具有联合概率密度 $f(x, y) =$
$$\begin{cases} ke^{-x-y}, & x > 0, y > 0 \\ 0, & \text{其他} \end{cases}$$

（1）确定常数 k；（2）求边缘概率密度 $f_X(x), f_Y(y)$；（3）求 $P\{0 < X < 1, 0 < Y < 1\}$。

12. 设随机变量 X 和 Y 具有联合概率密度为 $f(x,y)=\begin{cases}k, & x^2 \leqslant y \leqslant x \\ 0, & \text{其他}\end{cases}$。

(1) 试确定常数 k；(2) 求边缘概率密度 $f_X(x), f_Y(y)$；(3) 判断 X 和 Y 的独立性。

13. 设连续型随机变量 (X, Y) 的密度函数为 $f(x, y)=\begin{cases}2, & 0 \leqslant x \leqslant 1, 0 \leqslant y \leqslant x \\ 0, & \text{其他}\end{cases}$，求 $f_Y(y)$。

14. 设二维随机变量 (X, Y) 的联合密度函数为 $f(x, y)=\begin{cases}12e^{-(3x+4y)}, & x>0, y>0 \\ 0, & \text{其他}\end{cases}$，求：

(1) $P\{0 \leqslant X \leqslant 1, 0 \leqslant Y \leqslant 2\}$；(2) X 的边缘密度。

15. 二维随机变量 (X,Y) 的联合密度函数为 $f(x,y)=$
$$\begin{cases} A(1+y+xy), & 0<x<1,0<y<1 \\ 0, & \text{其他} \end{cases}$$

(1) 确定常数 A;(2) 试问 X 和 Y 是否相互独立。

16. 设随机变量 (X,Y) 的联合密度函数 $f(x,y)=$
$$\begin{cases} A, & 0<x<2,|y|<x \\ 0, & \text{其他} \end{cases}$$
,求常数 A。

17. 已知随机变量 (X,Y) 的分布律为

X \ Y	1	2
0	0.15	0.15
1	α	β

且 X 和 Y 独立,求 α,β 的值。

18. 设二维随机变量 (X,Y) 的联合密度函数 $f(x,y)=$ $\begin{cases} 6x, & 0<x<y<1 \\ 0, & \text{其他} \end{cases}$,求 $P\{X+Y\leqslant 1\}$。

第四章　随机变量的数字特征

1. 数学期望

（1）离散型随机变量的数学期望（掌握）

（2）连续型随机变量的数学期望（掌握）

（3）随机变量函数的数学期望（掌握）

（4）数学期望的性质（理解）

2. 方差

（1）方差的定义（理解）

（2）方差的计算（掌握）

（3）方差的性质（理解）

3. 常用随机变量的数学期望及方差

（1）几种重要随机变量的数学期望（掌握）

（2）几种重要随机变量的方差（掌握）

4. 协方差及相关系数

（1）协方差（理解）

（2）相关系数（理解）

（3）矩（理解）

重点：数学期望，方差，几种重要的随机变量的数学期望及方差

一、填空题

1. 若 $X \sim B(4,p)$，而 $E(X)=3$，则 $P\{X=3\}=$ _____。

2. 设随机变量 X 的概率密度为 $f(x)=\begin{cases}3x^2, & 0\leqslant x\leqslant 1\\ 0, & 其他\end{cases}$，则 $E(X)=$

　　　　　　　　　　　。

3. 某班工人每天生产中出现次品数 X 的概率分布为

X	1	2	3	4
P	0.2	0.3	0.4	0.1

则平均每天出次品____件。

4. 设随机变量 X 服从 $[0,2]$ 上均匀分布,则 $\dfrac{D(X)}{[E(X)]^2}=$ ____。

5. 设随机变量 X 服从参数为 λ 的泊松(Poisson)分布,且已知 $E[(X-1)\cdot(X-2)]=1$,则 $\lambda=$ ____。

6. 设随机变量 X 服从参数为 2 的泊松分布,且 $Y=3X-2$,则 $E(Y)=$ ____。

7. 设随机变量 X 服从 $[0,2]$ 上的均匀分布,$Y=2X+1$,则 $D(Y)=$ ____。

8. 设随机变量 $X\sim N(-1,4)$,$Y\sim N(1,2)$,且 X 与 Y 相互独立,则 $D(X-2Y)=$ ____。

9. 设随机变量 X 服从以 n,p 为参数的二项分布,且 $E(X)=15$,$D(X)=10$,则 $n=$ ____。

10. 设随机变量 $X\sim N(\mu,\sigma^2)$,其密度函数 $f(x)=\dfrac{1}{\sqrt{6\pi}}e^{-\frac{x^2-4x+4}{6}}$,则 $\mu=$ ____。

11. 设随机变量 X 的数学期望 $E(X)$ 和方差 $D(X)>0$ 都存在,令 $Y=\dfrac{[X-E(X)]}{\sqrt{D(X)}}$,则 $D(Y)=$ ____。

12. 随机变量 X 与 Y 相互独立,且 $D(X)=4$,$D(Y)=2$,则 $D(3X-2Y)=$ ____。

13. 设 X 是 10 次独立重复试验成功的次数,若每次试验成功的概率为 0.4,则 $D(X)=$ ____。

14. 设随机变量 $X\sim b(n,p)$,则 $E(X)=$ ____,$D(X)=$ ____。

15. 已知随机变量 $X \sim B(n,p)$，且 $E(X)=6$，$D(X)=3$，则 $n=$ _____。

16. 已知 $X \sim B(10,0.4)$，则 $E(X)=$ _____，$D(X)=$ _____。

17. 已知 $E(X)=0.5$，$E(X^2)=1$，则 $D(X)=$ _____。

18. 已知 $X \sim P(2)$，令 $Y=X^2+2X-1$，则 $E(Y)=$ _____。

19. $X \sim N(-1,2^2)$，$Y=-2X+1 \sim N($ _____，_____ $)$。

20. 设随机变量 $X \sim P(5)$，令 $Y=2X+1$，则 $E(Y)=$ _____；$D(Y)=$ _____。

21. 设连续型随机变量 X 服从正态分布 $X \sim N(\mu,\sigma^2)$，则 X 的概率密度为 $f(x)=$ _____。

22. 若随机变量 $X \sim P(2)$，则 X 的分布律 $P\{X=k\}=$ _____；$D(X)=$ _____。

23. 设 $E(X)$，$D(X)$ 存在，且 $D(X) \neq 0$，设 $Y=\dfrac{X-E(X)}{\sqrt{D(X)}}$，则 $E(Y)=$ _____；$D(Y)=$ _____。

二、选择题

1. 若随机变量 X 的数学期望 $E(X)$ 存在，则 $E(E(E(X)))=($ 　　$)$。

　　A. 0　　　　　B. $E(X)$　　　　C. $(E(X))^2$　　D. $(E(X))^3$

2. 设随机变量 X，且 $E(X)=a$，$E(X^2)=b$，c 为常数，则 $D(cX)=($ 　　$)$。

　　A. $c(a-b^2)$　　B. $b-a^2$　　　　C. $c^2(a-b^2)$　　D. $c^2(b-a^2)$

3. 掷一颗均匀的骰子 600 次，那么出现"一点"次数的均值为（　　）。

　　A. 50　　　　　B. 100　　　　　C. 120　　　　D. 150

4. 设随机变量 X，x_0 为任意实数，$E(X)$ 是 X 的数学期望，则（　　）。

　　A. $E(X-x_0)^2=E(X-E(X))^2$

　　B. $E(X-x_0)^2 \geqslant E(X-E(X))^2$

　　C. $E(X-x_0)^2 < E(X-E(X))^2$

　　D. $E(X-x_0)^2=0$

5. 设离散型随机变量的概率分布为 $P(X=k)=\dfrac{k+1}{10}$，$k=0,1,2,3$，则 $E(X)=($　　$)$。

　　　　A. 1.8　　　　　B. 2　　　　　　C. 2.2　　　　　D. 2.4

6. 设随机变量 X 和 Y 相互独立，$D(X)=4$，$D(Y)=2$，则 $D(3X-2Y)$ 等于（　　）。

　　　　A. 8　　　　　　B. 16　　　　　　C. 28　　　　　　D. 44

7. 设 $X\sim N(10,8^2)$，用标准正态分布函数 $\varPhi$ 表示 $P(0<X<20)=$（　　）。

　　　　A. $2\varPhi\left(\dfrac{5}{4}\right)-1$　　　　　　　B. $\varPhi(20)$

　　　　C. $2\varPhi\left(\dfrac{5}{32}\right)-1$　　　　　　D. $\varPhi\left(\dfrac{5}{4}\right)$

8. 已知 $X\sim P(5)$，则 $\dfrac{E(X)}{D(X)}=($　　$)$。

　　　　A. 1　　　　　　B. 5　　　　　　C. 0　　　　　　D. 无法确定

9. 已知 $X\sim U(0,2)$，则 $E(X)$ 与 $D(X)$ 分别为（　　）。

　　　　A. $1,\dfrac{1}{12}$　　　　B. $1,\dfrac{1}{3}$　　　　C. $0,\dfrac{1}{12}$　　　　D. $0,\dfrac{1}{3}$

10. 设随机变量 X 和 Y 不相关，则下列结论中正确的是（　　）。

　　　　A. X 与 Y 独立　　　　　　B. $D(X-Y)=D(X)+D(Y)$

　　　　C. $D(X-Y)=D(X)-D(Y)$　　D. $D(XY)=D(X)D(Y)$

11. 设两个相互独立的随机变量 X 与 Y 分别服从正态分布 $N(0,1)$ 和 $N(1,1)$，则（　　）。

　　　　A. $P(X+Y\leqslant 0)=\dfrac{1}{2}$　　　　　B. $P(X+Y\leqslant 1)=\dfrac{1}{2}$

　　　　C. $P(X-Y\leqslant 0)=\dfrac{1}{2}$　　　　　D. $P(X-Y\leqslant 1)=\dfrac{1}{2}$

12. 如果 X,Y 满足 $D(X+Y)=D(X-Y)$，则必有（　　）。

　　　　A. X 与 Y 独立　　　　　　B. X 与 Y 不相关

C. $D(Y)=0$　　　　　　　　　D. $D(X)=0$

13. 关于相关系数 ρ_{XY}，下面不正确的说法为(　　)。

　　A. $|\rho_{XY}|\leqslant1$

　　B. $\rho_{XY}=0$，则 X 与 Y 相互独立

　　C. X 与 Y 相互独立，则 $\rho_{XY}=0$

　　D. $\rho_{XY}=\pm1$ 的充要条件是 X 与 Y 间几乎处处有线性关系

14. 设两个随机变量 X 和 Y 相互独立且同分布 $P(X=-1)=P(Y=-1)=\frac{1}{2}$，$P(X=1)=P(Y=1)=\frac{1}{2}$，则以下说法正确的是(　　)。

　　A. $X=Y$　　　　　　　　　B. $P(X=Y)=1$

　　C. $P(X=Y)=\frac{1}{2}$　　　　　D. 以上都不正确

15. 设 X 和 Y 为任意随机变量，若 $E(XY)=E(X)E(Y)$，则下述结论中一定成立的为(　　)。

　　A. X 与 Y 相互独立　　　　B. X 与 Y 不独立

　　C. $D(X+Y)=D(X)+D(Y)$　　D. $D(XY)=D(X)D(Y)$

16. 对任意随机变量 X 和 Y，以下选项正确的是(　　)。

　　A. $E(X+Y)=E(X)+E(Y)$　　B. $D(X+Y)=D(X)+D(Y)$

　　C. $E(XY)=E(X)E(Y)$　　　　D. $D(XY)=D(X)D(Y)$

三、计算题

1. 设随机变量 X 的密度函数为 $f(x)=\begin{cases}1+x, & -1\leqslant x\leqslant0 \\ 1-x, & 0<x\leqslant1 \\ 0, & 其他\end{cases}$，求 $E(X)$，$D(X)$。

2. 设随机变量 X 的概率密度为 $f(x)=\begin{cases}cx^a, & 0\leqslant x\leqslant 1\\0, & \text{其他}\end{cases}$,且 $E(X)=$ 0.75,求常数 c 和 a。

3. 设随机变量 X 具有密度函数 $f(x)=\begin{cases}x, & 0\leqslant x\leqslant 1\\2-x, & 1<x\leqslant 2,\text{求 }E(X),\\0, & \text{其他}\end{cases}$ $D(X)$。

4. 设随机变量 X 的密度函数为 $f(x)=\begin{cases}ax, & 0\leqslant x\leqslant 1\\0, & \text{其他}\end{cases}$。

(1) 求系数 a;(2) 求随机变量 X 的 $E(X),D(X)$。

5. 设随机变量 X 的概率密度为 $f(x) = \begin{cases} \dfrac{1}{\pi\sqrt{1-x^2}}, & |x| < 1 \\ 0, & |x| \geq 1 \end{cases}$ ，求随机变量 X 的 $E(X), D(X)$。

6. 已知随机变量 X 的分布密度为 $F(x) = \begin{cases} a + bx^2, & 0 < x < 1 \\ 0, & \text{其他} \end{cases}$ ，已知 $E(X) = \dfrac{3}{5}$ ，求：

(1) a, b；(2) $D(X)$。

7. 设离散型随机变量 X 的分布律是

X	-2	-1	0	1	2
P	$\dfrac{1}{6}$	$\dfrac{2}{9}$	$\dfrac{1}{9}$	$\dfrac{1}{3}$	$\dfrac{1}{6}$

求 $D(X)$。

8. 设随机变量 X 服从指数分布，其概率密度为 $f(x)=\begin{cases} \dfrac{1}{\theta}e^{-\frac{x}{\theta}}, & x>0 \\ 0, & x\leqslant 0 \end{cases}$ ，

其中 $\theta>0$ ，求 $E(X),D(X)$ 。

9. 设随机变量 X 的分布函数为 $F(x)=\begin{cases} 0, & x\leqslant 0 \\ Ax^2, & 0<x\leqslant 1 \\ 1, & x>1 \end{cases}$ ，求：

（1）常数 A ；（2）X 落在 $[-1,0.5]$ 内的概率；（3）$E(X),D(X)$ 。

10. 今 A,B 两人向目标各射击一次，A,B 两人命中率分别为 0.3 和 0.4 ，设 X 表示两人命中的次数和，求 X 的平均取值。

11. 设随机变量 X 的密度函数 $f(x)=\begin{cases}\dfrac{k}{x^2}, & 1<x<2 \\ 0, & \text{其他}\end{cases}$，求 $E(X)$。

12. 设随机变量 X 的密度函数 $f(x)=\begin{cases}2Ax, & 0\leqslant x\leqslant 1 \\ 0, & \text{其他}\end{cases}$，求 $D(X)$。

13. 设连续型随机变量 (X,Y) 的密度函数为 $f(x,y)=\begin{cases}2, & 0\leqslant x\leqslant 1,0\leqslant y\leqslant x \\ 0, & \text{其他}\end{cases}$，求 $D(X)$。

14. 设二维随机变量(X,Y),若 X 服从$(-1,1)$上的均匀分布,而 $Y=X^2$,求 ρ_{XY}。

15. 设随机变量(X,Y)的联合密度函数 $f(x,y)=\begin{cases} A, & 0<x<2,|y|<x \\ 0, & 其他 \end{cases}$。
求:(1) 常数 A;(2) 讨论 X,Y 的相关性。

16. 已知随机变量 X、Y 的相关系数为 ρ_{XY},若 $U=aX+b,V=cY+d$,其中 $ac>0$,试求 U、V 的相关系数 ρ_{UV}。

17. 设(X,Y)服从在区域 D 上的均匀分布,其中 D 为 x 轴、y 轴及 $x+y=1$ 所围成,求 X 与 Y 的协方差 $\mathrm{Cov}(X,Y)$。

第五章　大数定律与中心极限定理

本章基本内容和要求

1. 切比雪夫不等式

2. 大数定律及中心极限定理

（1）大数定律（理解）

（2）中心极限定理（掌握）

重点：切比雪夫不等式，中心极限定理

难点：协方差及相关系数，中心极限定理应用

一、填空题

1. 设随机变量 ξ 的 $E\xi$ 与 $D\xi$ 存在，对任意给定的 $\varepsilon>0$，则有概率 $P\{|\xi-E\xi|<\varepsilon\}\geqslant$ _____。

2. 设随机变量 ξ 的数学期望 $E\xi=\dfrac{2}{5}$，方差 $D\xi=\dfrac{1}{25}$，试用切比雪夫不等式估计 $P\left\{\left|\xi-\dfrac{2}{5}\right|<\dfrac{1}{3}\right\}\geqslant$ _____。

3. 设 $\xi_1,\xi_2,\cdots,\xi_n$ 是独立同分布的随机变量序列，且 $E(\xi_i)=\mu,D(\xi_i)=\sigma^2$ 均存在，令 $\bar{\xi}=\dfrac{1}{n}\sum\limits_{i=1}^{n}\xi_i$，则对任意的 $\varepsilon>0$，有 $\lim\limits_{n\to\infty}P\{|\bar{\xi}-\mu|\geqslant\varepsilon\}=$ _____。

4. 设每次射击击中目标的概率为 0.001，如果射击 5000 次，试用中心极限定理计算击中的次数大于 5 的概率是 _____。已知：$\Phi(0)=0.5$；$\Phi(1)=0.8413$。

5. 设每次射击击中目标的概率为 0.001，如果射击 5000 次，其中击中的次数为 x，试用切比雪夫不等式确定概率 $P\{0<\xi<10\}=$ _____。

6. 设随机变量 $\xi_1,\xi_2,\cdots,\xi_{100}$ 相互独立，且都服从参数为 $\lambda=2$ 的泊松分

布,试用中心极限定理计算 $P\left\{180<\sum\limits_{i=1}^{100}\xi_i<240\right\}=$ _____。

已知:$\Phi(1.41)=0.9207$;$\Phi(1.42)=0.9222$;$\Phi(2.82)=0.9976$;$\Phi(2.83)$ $=0.9977$。

7. 设独立随机变量 $\xi_1,\xi_2,\cdots,\xi_{100}$ 均服从参数为 $\lambda=4$ 的泊松分布,试用中心极限定理确定概率 $P\left\{\sum\limits_{i=1}^{100}\xi_i<420\right\}=$ _____。

已知:$\Phi(0.5)=0.6915$,$\Phi(1)=0.8413$,$\Phi(2)=0.9772$。

二、选择题

1. 设随机变量 ξ 的数学期望 $E(\xi)=\mu$,方差 $D(\xi)=\sigma^2$,试利用切比雪夫不等式估计 $P\{|\xi-\mu|<4\sigma\}\geq($)。

    A. $\dfrac{8}{9}$　　　　　B. $\dfrac{15}{16}$　　　　　C. $\dfrac{9}{10}$　　　　　D. $\dfrac{1}{10}$

2. 设随机变量 ξ 满足等式 $P\{|\xi-E\xi|\geq2\}=\dfrac{1}{16}$,则必有(   )。

    A. $D\xi=\dfrac{1}{4}$　　　　　　　　　B. $D\xi>\dfrac{1}{4}$

    C. $D\xi<\dfrac{1}{4}$　　　　　　　　　D. $P\{|\xi-E\xi|<2\}=\dfrac{15}{16}$

3. 设随机变量 ξ 的数学期望和方差均是 6,那么 $P\{0<\xi<12\}\geq($)。

    A. $\dfrac{1}{6}$　　　　　B. $\dfrac{5}{6}$　　　　　C. $\dfrac{1}{3}$　　　　　D. $\dfrac{1}{2}$

4. 设 $\xi_1,\xi_2,\cdots,\xi_9$ 独立同分布,$E\xi_i=1,D\xi_i=1,(i=1,2,\cdots,9)$,则对于任意给定的正数 $\varepsilon>0$ 有(   )。

    A. $P\left\{\left|\sum\limits_{i=1}^{9}\xi_i-1\right|<\varepsilon\right\}\geq1-\dfrac{1}{\varepsilon^2}$

    B. $P\left\{\left|\dfrac{1}{9}\sum\limits_{i=1}^{9}\xi_i-1\right|<\varepsilon\right\}\geq1-\dfrac{1}{\varepsilon^2}$

    C. $P\left\{\left|\sum\limits_{i=1}^{9}\xi_i-9\right|<\varepsilon\right\}\geq1-\dfrac{1}{\varepsilon^2}$

D. $P\left\{\left|\sum_{i=1}^{9}\xi_i - 9\right| < \varepsilon\right\} \geqslant 1 - \dfrac{9}{\varepsilon^2}$

三、解答题

1. 设随机变量 $\xi_1, \xi_2, \cdots, \xi_n$ 相互独立，且均服从指数分布

$$f(x) = \begin{cases} \lambda e^{-\lambda x}, & x > 0 \\ 0, & x \leqslant 0 \end{cases} (\lambda > 0),$$

为使 $P\left\{\left|\dfrac{1}{n}\sum_{k=1}^{n}\xi_k - \dfrac{1}{\lambda}\right| < \dfrac{1}{10\lambda}\right\} \geqslant \dfrac{95}{100}$，问 n 的最小值应如何？

2. 设重复独立试验，每次 A 发生的概率为 $\dfrac{1}{4}$，问是否可用 0.925 的概率，确信在 1000 次试验中，A 发生的次数在 200 到 300 之间，请用切比雪夫不等式证明。

3. 某发电机给 10000 盏电灯供电,设每晚各盏电灯的开、关是相互独立的,每盏灯开着的概率都是 0.8,试用切比雪夫不等式估计每晚同时开灯的电灯数 ξ 介于 7800 与 8200 之间概率。

4. 设连续型随机变量 ξ 的期望 $E\xi$,方差 $D\xi$ 都存在,试证:对任意 $\varepsilon>0$,有 $P\{|\xi-E\xi|\geqslant\varepsilon\}\leqslant\dfrac{D(\xi)}{\varepsilon^{2}}$。

5. 在每次试验中,事件 A 发生的概率为 $\dfrac{1}{2}$,是否可用大于 0.97 的概率确信:在 1000 次试验中,事件 A 发生的次数在 400 与 600 范围内。请用中心极限定理证之。已知 $\Phi(2)=0.9772$;$\Phi(3)=0.9987$;$\Phi(x)=1$,当 $x>4$。

6. 设随机变量 ξ_n 服从二项分布 $B(n,p)$，$(0<p<1)$，试用德莫佛-拉普拉斯中心极限定理证明：不管 M 是多么大的正数，总有 $\lim\limits_{n\to\infty} P\{|\xi_n-np|<M\}=0$。

7. 计算机在进行加法计算时，把每个加数取为最接近它的整数来计算，设所有取整误差是相互独立的随机变量，并且都在区间 $[-0.5,0.5]$ 上服从均匀分布，求 1200 个数相加时误差总和的绝对值小于 10 的概率。已知：$\Phi(1)=0.8413$；$\Phi(2)=0.9772$。

8. 在一次空战中，出现了 50 架轰炸机和 100 架歼击机，每架轰炸机受到两架歼击机的攻击，这样，空战分为 50 个由一架轰炸机和两架歼击机组成的小型空战，设在每个小型空战里，轰炸机被打下的概率为 0.4，求空战里有不少于 35％ 的轰炸机被打下的概率。已知：$\Phi(0.86)=0.8051$；$\Phi(0.87)=0.8078$；$\Phi(0.88)=0.8133$。

9. 为了使问题简化,假定计算机进行数的加法运算时,把每个加数取为最接近于它的整数(其后一位四舍五入)来计算,设所有的取整误差是相互独立的,且它们都在$[-0.5,0.5]$上服从均匀分布,若有 1500 个数相加,问误差总和的绝对值超过 15 的概率是多少?已知标准正态分布函数 $\Phi(x)$ 的值:$\Phi(0.12)=0.5478,\Phi(1.342)=0.9099,\Phi(0.134)=0.5517$。

10. 一复杂的系统,由 100 个相互独立起作用的部件所组成,在整个运行期间每个部件损坏的概率为 0.10,为了使整个系统起作用,至少必须有 85 个部件工作,试用中心极限定理求整个系统工作的概率。已知:$\Phi(1.667)=0.95,\Phi(2)=0.977,\Phi(3.33)=0.999$。

11. 某计算机系统有 120 个终端,每个终端有 5% 的时间在使用。若各终端使用与否是相互独立的,试求 10 个或更多终端在使用的概率。

附表

x	1.282	1.645	1.67	3.49
$\Phi(x)$	0.90	0.95	0.9525	0.9998

12. 某宿舍有学生 500 人,每人在傍晚大约有 10% 的时间要占用一个水龙头,设各人用水龙头是相互独立的,问该宿舍需装多少个水龙头,才能以 95% 以上的概率保证用水需要? 已知 $\Phi(1.645)=0.95$。

13. 某工厂有 400 台同类机器,已知各台机器发生故障的概率都是 0.02,假定各台机器工作是相互独立的,试用中心极限定理计算机器出故障的台数不小于 2 的概率,已知标准正态分布函数 $\Phi(x)$ 的值:$\Phi(1.02)=0.8461$,$\Phi(2.143)=0.9838$,$\Phi(2.857)=0.9979$,$\Phi(0.675)=0.7794$。

14. 一药厂试制成功一种新药,卫生部门为了检验此药的效果,在 100 名患者中进行了试验,决定若有 75 名或更多患者显示有效时,即批准该厂投入生产,如果该新药的治愈率确实为 80%,求该药能通过这个检验的概率是多少? 已知标准正态分布函数 $\Phi(x)$ 的值:$\Phi(0.313)=0.6217$,$\Phi(1.25)=0.8944$,$\Phi(0.13)=0.5517$。

15. 从某工厂的产品中任取 200 件检查,结果发现其中有 4 件废品,问能否相信该工厂的废品率不大于 0.005?（提示:假设废品率为 0.005,计算废品数不少于 4 的概率,再根据小概率事件的实际不可能性原理作出判断）。已知:$\Phi(2)=0.9772$;$\Phi(3)=0.9987$;$\Phi(3.01)=0.9987$。

16. 从装有 3 个白球和 1 个黑球的盒子中任取一球,取后放回,连取 n 次,N 是 n 次取球中白球出现的次数,n 需多大时才能使得 $P\left\{\left|\dfrac{N}{n}-p\right|<0.001\right\}=0.9964$,其中 p 是每次取到白球的概率。已知标准正态分布函数 $\Phi(x)$ 的值:$\Phi(2.69)=0.9964$,$\Phi(-0.02)=0.4982$,$\Phi(2.92)=0.9982$。

17. 在人寿保险公司里有 3000 个同一年龄的人参加人寿保险,在一年里,这些人的死亡率为 0.1%,参加保险的人在一年的头一天交付保险费 10 元,在一年内死亡时,家属可以从保险公司领取 2000 元。(1) 求保险公司一年中获利不小于 10000 元的概率;(2) 求保险公司一年内亏本的概率。已知标准正态分布函数 $\Phi(x)$ 的值:$\Phi(1.733)=0.9582$,$\Phi(4)=1$,$\Phi(2.34)=0.9904$,$\Phi(1)=0.8413$。

第六章 数理统计的基础知识

本章基本内容和要求

1. 总体与样本

(1) 总体,个体概念(理解)

(2) 样本与样本值概念(理解)

(3) 样本的分布函数(掌握)

2. 统计量

(1) 统计量的概念(理解)

(2) 常用统计量(掌握)

3. 常用的抽样分布

(1) 上 α 分位点(理解)

(2) 抽样分布(理解)

(3) 正态总体的抽样分布(掌握)

重点:样本均值与样本方差、χ^2 分布、t 分布、F 分布

难点:分布之间的关系

一、填空题

1. 设 $X \sim N(0,1)$,$Y \sim \chi^2(n)$,且 X,Y 独立,则 $\dfrac{X}{\sqrt{\dfrac{Y}{n}}}$ 随机变量服从_____

分布。

2. 设随机变量 $X_1, X_2, \cdots, X_n$ 来自总体 $\chi^2(n)$,则 $E(X) = $ _____。

3. 设 $X_1, X_2, \cdots, X_n$ 是总体 $N(\mu, \sigma^2)$ 的样本,统计量 $\overline{X} = \dfrac{1}{n}\sum\limits_{i=1}^{n} X_i$,则

$E(\overline{X}) = $ _____ 。

4. 设 $X_1, X_2, \cdots, X_n$ 是取自总体 $N(\mu, \sigma^2)$ 的样本,则统计量 $\dfrac{1}{\sigma^2} \sum\limits_{i=1}^{n} (X_i - \mu)^2$ 服从 _____ 分布。

5. 设 $X_1, X_2, \cdots, X_n$ 是总体 $N(\mu, \sigma^2)$ 的样本,$\overline{X}, S^2$ 分别是样本均值和样本方差,则 $\dfrac{\overline{X} - \mu}{\frac{S}{\sqrt{n}}}$ 服从 _____ 分布。

6. 设 $X_1, X_2, \cdots, X_n$ 是总体 $N(\mu, \sigma^2)$ 的样本,$\dfrac{n-1}{\sigma^2} S^2$ 服从 _____ 分布。

7. 设总体 X 和 Y 相互独立,且都服从 $N(0,1)$,$X_1, X_2, \cdots, X_9$ 是来自总体 X 的样本,$Y_1, Y_2, \cdots, Y_9$ 是来自总体 Y 的样本,则统计量 $\dfrac{X_1 + \cdots + X_9}{\sqrt{Y_1^2 + \cdots + Y_9^2}}$ 服从 _____ 分布。

8. 已知 $X \sim N(50, 2^2)$,$\overline{X}$ 为样本均值,样本容量为 9,则 $P(\overline{X} < 48) = \Phi($ _____ $)$。

9. 设总体 $X \sim N(0, 9)$,$X_1, X_2, \cdots, X_n$ 是来自总体 X 的简单随机样本,$\overline{X}, S^2$ 分别为样本均值与样本方差,则 $\dfrac{1}{9} \sum\limits_{i=1}^{n} (X_i - \overline{X})^2$ 服从 _____ 分布。

10. 设 $X_1, X_2, \cdots, X_n$ 是来自总体 $N(0,1)$ 的样本,则 $\sum\limits_{i=1}^{n} (X_i - \overline{X})^2$ 服从的分布为 _____ 。

二、选择题

1. 设 $X \sim N(\mu, \sigma^2)$,其中 μ 未知,σ^2 已知,X_1, X_2, X_3 为一个样本,则下列选项中不是统计量的是(　　)。

　　A. $X_1 + X_2 + X_3$ 　　　　　　　B. $\max\{X_1, X_2, X_3\}$

　　C. $\sum\limits_{i=1}^{3} \dfrac{X_i^2}{\sigma^2}$ 　　　　　　　D. $X_1 - \mu$

2. 设 $X_1, \cdots, X_n (n>1)$ 是来自总体 $N(\mu, \sigma^2)$ 的样本，令 $Y = \dfrac{1}{\sigma^2} \sum\limits_{i=1}^{n} (X_i - \mu)^2$，则 $Y \sim ($　　$)$。

　　A. $\chi^2(n-1)$　　B. $N(\mu, \sigma^2)$　　C. $\chi^2(n)$　　　　D. $N\left(\mu, \dfrac{\sigma^2}{n}\right)$

3. 设 $x_1, x_2, \cdots, x_n$ 是一组样本观测值，则其标准差是($ $)。

　　A. $\dfrac{1}{n-1} \sqrt{\sum\limits_{i=1}^{n} (x_i - \overline{x})^2}$　　　　B. $\sqrt{\dfrac{1}{n-1} \sum\limits_{i=1}^{n} (x_i - \overline{x})^2}$

　　C. $\dfrac{1}{n} \sum\limits_{i=1}^{n} (x_i - \overline{x})^2$　　　　D. $\dfrac{1}{n} \sum\limits_{i=1}^{n} (x_i - \overline{x})$

4. 设 $X_1, X_2, \cdots, X_n$ 是总体 $N(\mu, \sigma^2)$ 的样本，$\overline{X}, S^2$ 分别是样本均值和样本方差，则 $\dfrac{\sqrt{n}(\overline{X} - \mu)}{S} \sim ($　　$)$。

　　A. $N(0, 1)$　　B. $t(n)$　　　　C. $t(n-1)$　　D. $\chi^2(n)$

5. 设 $X_1, X_2, \cdots, X_n$ 是总体 $N(0, 1)$ 的样本，$\overline{X}, S^2$ 分别是样本均值和样本方差，则以下不正确的是($ $)。

　　A. $\sqrt{n}\ \overline{X} \sim N(0, 1)$　　　　　　B. $\dfrac{\overline{X}}{S} \sim t(n-1)$

　　C. $\sum\limits_{i=1}^{n} X_i^2 \sim \chi^2(n)$　　　　　　D. $\overline{X} \sim N\left(0, \dfrac{1}{n}\right)$

6. 设 $X_1, X_2, \cdots, X_n$ 是总体 $N(\mu, \sigma^2)$ 的样本，μ 已知 σ^2 未知，则以下是统计量的是($ $)。

　　A. $\sum\limits_{i=1}^{n} \dfrac{(X_i - \overline{X})^2}{\mu}$　　　　　　B. $\sum\limits_{i=1}^{n} \dfrac{(X_i - \overline{X})^2}{\sigma^2}$

　　C. $\sum\limits_{i=1}^{n} \dfrac{X_i^2}{\sigma^2}$　　　　　　　　D. $\sum\limits_{i=1}^{n} \dfrac{(X_i - \mu)^2}{\sigma^2}$

7. 设 X_1, X_2, X_3 是总体 $N(0, 2)$ 的一个样本，则 $\dfrac{(X_1 + X_2 + X_3)^2}{6} \sim ($　　$)$。

　　A. $\chi^2(1)$　　B. $\chi^2(2)$　　　C. $\chi^2(3)$　　　D. 以上都不正确

8. 设 $X_1, X_2, \cdots, X_n$ 为总体 $N(\mu, \sigma^2)$ 的一个简单随机样本,其中 $\sigma = 2, \mu$ 未知,则以下是统计量的是(　　)。

A. $\displaystyle\sum_{i=1}^{n} X_i^2 + \sigma^2$　　　　　　B. $\displaystyle\sum_{i=1}^{n} (X_i - \mu)^2$

C. $\overline{X} - \mu$　　　　　　　　D. $\dfrac{\overline{X} - \mu}{\sigma}$

9. 设 X_1, X_2, X_3 相互独立同服从参数 $\lambda = 3$ 的泊松分布,令 $Y = \dfrac{1}{3}(X_1 + X_2 + X_3)$,则 $E(Y^2) = ($　　$)$。

A. 1　　　　　B. 9　　　　　C. 10　　　　　D. 6

10. 设总体 $X \sim N(\mu, \sigma^2)$,其中 μ 已知,σ^2 未知,$X_1, \cdots, X_n$ 是来自总体 X 的样本,则下列表达式不是统计量的是(　　)。

A. $\dfrac{1}{n}\displaystyle\sum_{i=1}^{n} X_i$　　　　　　B. $\displaystyle\max_{1 \leqslant i \leqslant n} X_i$

C. $\dfrac{1}{\sigma^2}\displaystyle\sum_{i=1}^{n}(X_i - \mu)^2$　　　　D. $\dfrac{1}{n}\displaystyle\sum_{i=1}^{n}(X_i - \mu)^2$

三、解答题

1. 设 $X_1, X_2, \cdots, X_n$ 是来自总体的样本,总体 X 的密度函数为 $f(x) = \begin{cases} (\theta+1)x^\theta, & 0 < x < 1 \\ 0, & 其他 \end{cases}$,其中 $\theta > -1$ 是未知参数,求样本的联合概率密度。

2. 设 $X \sim U(0, b)$,b 是参数,$X_1, X_2, \cdots, X_n$ 是来自 X 的一个样本,试求样本的联合概率密度。

3. 设总体 $X \sim N(1, \sigma^2)$，$(X_1, X_2, \cdots, X_n)$ 为取自 X 的样本。求样本的联合概率密度。

4. 设总体 X 服从 $0-1$ 分布：$P(X=x)=p^x(1-p)^{1-x}(x=0,1)$，如果样本观察值为 $x_1, x_2, \cdots, x_n$，求样本的联合概率分布。

5. 设 $X_1, X_2, \cdots, X_{10}$ 是正态总体 $N(0, 0.3^2)$ 的一个样本，求 $P\left\{\sum\limits_{i=1}^{10} X_i^2 > 1.44\right\}$。

第七章 参数估计

本章基本内容和要求

1. 点估计

（1）估计量与估计值的概念（理解）

（2）未知参数的矩估计量（掌握）

（3）未知参数的极大似然估计量（掌握）

2. 估计量的评选标准

（1）无偏性（理解）

（2）有效性（理解）

（3）一致性（理解）

3. 区间估计

（1）置信区间与置信度的概念（理解）

（2）正态总体均值的区间估计（掌握）

（3）正态总体方差的区间估计（掌握）

（4）单侧置信区间（掌握）

重点：极大似然估计和矩估计、正态总体均值与方差的区间估计

难点：极大似然估计、区间估计

一、填空题

1. 设总体 $X \sim N(\mu, \sigma^2)$，σ^2 为未知，$X_1, X_2, \cdots, X_n$ 是来自总体 X 的样本，则 μ 的置信度为 $1-\alpha$ 的置信区间为 _____。

2. 已知一批零件的长度 X（cm）服从正态分布 $N(\mu, 1)$，从中随机地抽取 16 个零件，测得样本均值为 40 cm，则 μ 的置信度为 0.95 的置信区间为 _____（用表达式表示）。

3. 正态总体 $N(\mu,\sigma^2)$ 在总体均值 μ 未知的情况下方差 σ^2 的置信水平为 $1-\alpha$ 的置信区间为 _____。

4. 设总体 $X \sim N(\mu,100)$，若使 μ 的置信度为 0.95 的置信区间长度不超过 5，则样本容量 n 最小应为 _____（$u_{0.025}=1.96$）。

5. 从某同类零件中抽取 9 件，测得其长度为（单位：mm）：6.0　5.7　5.8　6.5　7.0　6.3　5.6　6.1　5.0，设零件长度 X 服从正态分布 $N(\mu,1)$，μ 的置信度为 0.95 的置信区间为 _____。

（已知：$t_{0.05}(9)=2.262, t_{0.05}(8)=2.306, u_{0.025}=1.960$）

6. 从水平锻造机的一大批产品中随机地抽取 20 件，测得其尺寸的平均值 $\overline{x}=32.58$，样本方差 $s^2=0.097$。假定该产品的尺寸 X 服从正态分布 $N(\mu,\sigma^2)$，其中 σ 与 μ 均未知。σ^2 的置信度为 0.95 的置信区间为 _____。

（已知：$\chi^2_{0.025}(20)=34.17, \chi^2_{0.975}(20)=9.591; \chi^2_{0.025}(19)=32.852, \chi^2_{0.975}(19)=8.907$）

7. 工厂生产一种零件，其口径 X（单位：毫米）服从正态分布 $N(\mu,\sigma^2)$，现从某日生产的零件中随机抽出 9 个，分别测得其口径如下：14.6　14.7　15.1　14.9　14.8　15.0　15.1　15.2　14.7。已知，零件口径 X 的标准差 $\sigma=0.15$，μ 的置信度为 0.95 的置信区间为 _____。

（已知：$t_{0.05}(9)=2.262, t_{0.05}(8)=2.306, u_{0.025}=1.960$）

8. 某岩石密度的测量误差 X 服从正态分布 $N(\mu,\sigma^2)$，取样本观测值 16 个，得样本方差 $s^2=0.04$，σ^2 的置信度为 95% 的置信区间为 _____。

（已知：$\chi^2_{0.025}(16)=28.845, \chi^2_{0.975}(16)=6.908; \chi^2_{0.025}(15)=27.488, \chi^2_{0.975}(15)=6.262$）

9. 设某校女生的身高服从正态分布，今从该校某班中随机抽取 9 名女生，测得数据经计算如下：$\overline{x}=16.67$ cm，$s=4.20$ cm。该校女生身高方差 σ^2 的置信度为 0.95 的置信区间为 _____。

（已知：$\chi^2_{0.025}(8)=17.535, \chi^2_{0.975}(8)=2.18; \chi^2_{0.025}(9)=19.02, \chi^2_{0.975}(9)=2.7$）

10. 设总体 $X \sim N(\mu, \sigma^2)$，从中抽取容量为 16 的一个样本，样本方差 $s^2 = 0.07$，总体方差的置信度为 0.95 的置信区间为＿＿＿＿＿＿。

（已知：$\chi^2_{0.025}(16) = 28.845$，$\chi^2_{0.975}(16) = 6.908$；$\chi^2_{0.025}(15) = 27.488$，$\chi^2_{0.975}(15) = 6.262$）

11. 已知某批铜丝的抗拉强度 X 服从正态分布 $N(\mu, \sigma^2)$。从中随机抽取 9 根，经计算得其标准差为 8.069。σ^2 的置信度为 0.95 的置信区间为＿＿＿＿＿＿＿＿。

（已知：$\chi^2_{0.025}(9) = 19.023$，$\chi^2_{0.975}(9) = 2.7$；$\chi^2_{0.025}(8) = 17.535$，$\chi^2_{0.975}(8) = 2.180$）

12. 从正态总体 $X \sim N(3.4, 6^2)$ 中抽取容量为 n 的样本，如果要求样本均值位于区间 $(1.4, 5.4)$ 内的概率不小于 0.95，样本容量 n 最小为＿＿＿＿＿＿＿＿。（已知：$u_{0.025} = 1.96$）

13. 某商店每天每百元投资的利润率 $X \sim N(\mu, 1)$，均值为 μ，长期以来方差 σ^2 稳定为 1，现随机抽取 100 天的利润，样本均值为 $\bar{x} = 5$，试求 μ 的置信水平为 95% 的置信区间为＿＿＿＿＿＿＿＿。$(t_{0.05}(100) = 1.99, \Phi(1.96) = 0.975)$

14. 设某机器生产的零件长度（单位：cm）$X \sim N(\mu, \sigma^2)$，今抽取容量为 16 的样本，测得样本均值 $\bar{x} = 10$，样本方差 $s^2 = 0.16$，μ 的置信度为 0.95 的置信区间为＿＿＿＿＿＿＿＿。

（已知：$t_{0.025}(15) = 2.1314$，$t_{0.025}(16) = 2.1199$）

二、选择题

1. 设总体 X 的数学期望为 μ，$X_1, X_2, \cdots, X_n$ 为来自 X 的样本，则下列结论中正确的是（　　）。

　　A. X_1 是 μ 的无偏估计量

　　B. X_1 是 μ 的极大似然估计量

　　C. X_1 是 μ 的相合（一致）估计量

　　D. X_1 不是 μ 的估计量.

2. 设 $\hat{\theta}$ 是参数 θ 的无偏估计，且 $D(\hat{\theta}) > 0$，则 $\hat{\theta}^2$ 是 θ^2 的（　　）估计量。

A. 无偏   B. 有偏

C. 有效   D. A 和 B 同时成立

3. 设总体 X 的数学期望为 μ，方差为 σ^2，X_1，X_2 是来自 X 的一个样本，则在下述 μ 的 4 个估计量中，(　　)最有效。

A. $\dfrac{1}{5}X_1 + \dfrac{4}{5}X_2$ B. $\dfrac{3}{4}X_1 + \dfrac{1}{4}X_2$

C. $\dfrac{1}{2}X_1 + \dfrac{1}{2}X_2$ D. $\dfrac{2}{3}X_1 + \dfrac{1}{3}X_2$

4. 设一批零件的长度服从正态分布 $N(\mu, \sigma^2)$，其中 μ, σ^2 均未知，现从中随机抽取 16 个零件，测得样本均值 $\overline{x} = 20(\mathrm{cm})$，样本标准差 $s = 1(\mathrm{cm})$，则 μ 的置信度为 0.90 的置信区间为(　　)。

A. $\left(20 - \dfrac{1}{4}t_{0.05}(16), 20 + \dfrac{1}{4}t_{0.05}(16)\right)$

B. $\left(20 - \dfrac{1}{4}t_{0.1}(16), 20 + \dfrac{1}{4}t_{0.1}(16)\right)$

C. $\left(20 - \dfrac{1}{4}t_{0.05}(15), 20 + \dfrac{1}{4}t_{0.05}(15)\right)$

D. $\left(20 - \dfrac{1}{4}t_{0.1}(15), 20 + \dfrac{1}{4}t_{0.1}(15)\right)$

5. 设总体 X 的数学期望为 μ，方差为 σ^2，X_1，X_2 是来自 X 的一个样本，则在下述 μ 的 4 个估计量中，(　　)是最优的。

A. $\dfrac{1}{3}X_1 + \dfrac{2}{3}X_2$

B. $\dfrac{3}{4}X_1 + \dfrac{1}{4}X_2$

C. $\dfrac{1}{2}X_1 + \dfrac{1}{2}X_2$

D. $\dfrac{1}{2}X_1 + \dfrac{1}{3}X_2$

三、解答题

1. 设 $X_1, X_2, \cdots, X_n$ 是来自总体的样本，总体 X 的密度函数为 $f(x) = $

$$\begin{cases} (\theta+1)x^{\theta}, & 0<x<1 \\ 0, & \text{其他} \end{cases}$$，其中 $\theta>-1$ 是未知参数，求：

（1）参数 θ 的矩估计量；（2）参数 θ 的极大似然估计量。

2. 设 $X_1,X_2,\cdots,X_n$ 为总体的一个样本，总体 X 的密度函数为 $f(x)=\begin{cases} \theta C^{\theta}x^{-(\theta+1)}, & x>C \\ 0, & \text{其他} \end{cases}$，其中 $C>0$ 为已知，$\theta>1$，θ 为未知参数。求：

（1）θ 的矩估计量；（2）θ 的极大似然估计量。

3. 设 $X_1,X_2,\cdots,X_n$ 为总体的一个样本，总体 X 的概率密度函数为 $f(x)=\begin{cases} \sqrt{\theta}x^{\sqrt{\theta}-1}, & 0\leqslant x\leqslant 1 \\ 0, & \text{其他} \end{cases}$，其中 $\theta>0$ 为未知参数。求：

（1）θ 的矩估计量；（2）θ 的极大似然估计量。

4. 设 $X_1, X_2, \cdots, X_n$ 为总体的一个样本,总体 X 的概率密度函数为 $f(x)$ $= \begin{cases} \theta x^{\theta-1}, 0 \leqslant x \leqslant 1 \\ 0, \qquad 其他 \end{cases}$,其中 $\theta > 0$ 为未知参数。求:

(1) θ 的矩估计量;(2) θ 的极大似然估计量。

5. 设总体 X 的概率密度函数是 $f(x; \mu) = \dfrac{1}{\sqrt{2\pi}} e^{-\frac{1}{2}(x-\mu)^2}$, $-\infty < x < +\infty$, $x_1, x_2, \cdots, x_n$ 是一组样本值,求:

(1) 参数 μ 的矩估计值;(2) 参数 μ 的极大似然估计值。

6. 设总体 X 的概率密度函数是 $f(x; \delta) = \dfrac{1}{\sqrt{2\pi\delta}} e^{-\frac{x^2}{2\delta}}$, $-\infty < x < +\infty$, $x_1, x_2, \cdots, x_n$ 是一组样本值,求参数 δ 的极大似然估计值。

7. 设总体 X 的概率密度为 $f(x)=\begin{cases}\lambda x^{\lambda-1}, & 0<x<1 \\ 0, & 其他\end{cases}$，其中 $\lambda>0$ 为参数，$X_1,X_2,\cdots,X_n$ 是总体的一个样本，求：

(1) 参数 λ 的矩估计值；(2) 参数 λ 的极大似然估计值。

8. 设总体 X 的密度函数为 $f(x;\lambda)=\begin{cases}\lambda e^{-\lambda x}, & x>0 \\ 0, & x\leqslant 0\end{cases}(\lambda\in\mathbf{R}^+)$，$(X_1,X_2,\cdots,X_n)$ 是一样本. 求：

(1) 参数 λ 的矩估计量；(2) 参数 λ 的极大似然估计量。

9. 设总体 $X\sim N(\mu,\sigma^2)$，其中 μ 是已知参数，$\sigma^2>0$ 是未知参数。$(X_1,X_2,\cdots,X_n)$ 是从该总体中抽取的一个样本。

(1) 求未知参数 σ^2 的极大似然估计量 $\hat{\sigma}^2$；(2) 判断 $\hat{\sigma}^2$ 是否为未知参数 σ^2 的无偏估计。

10. 总体 X 服从二项分布,它的概率分布为 $P(X=k)=C_n^k p^k q^{n-k}(k=0,1,2,\cdots,n)$,其中 $0<p<1,q=1-p$。又设 $X_1,X_2,\cdots,X_n$ 为总体 X 的简单随机样本,求:

(1)未知参数 p 的矩估计量;(2)未知参数 p 的极大似然估计量。

11. 设 $X\sim U(0,b)$,b 是参数,$X_1,X_2,\cdots X_n$ 是来自 X 的一个样本,试求:
(1)参数 b 的矩估计量;(2)参数 b 的极大似然估计量。

12. 设总体 $X\sim N(1,\sigma^2)$,$(X_1,X_2,\cdots,X_n)$ 为取自 X 的样本。求:
(1)σ^2 的矩估计量 $\hat{\sigma}_M^2$;(2)σ^2 的极大似然估计量 $\hat{\sigma}_L^2$。

13. 设总体 X 服从参数为 λ 的泊松分布 $P(\lambda)=\dfrac{\lambda^x}{x!}e^{-\lambda}$，$x=0,1,2,\cdots$，其中 $\lambda>0$ 为未知参数，$x_1,x_2,\cdots,x_n$ 是一组样本值，求：

(1) 参数 λ 的矩估计量；(2) 参数 λ 的极大似然估计量。

14. 设总体 X 服从 $0-1$ 分布：$P\{X=x\}=p^x(1-p)^{1-x}$，$x=0,1$，如果样本观察值为 $x_1,x_2,\cdots,x_n$，求：

(1) 参数 p 的矩估计量；(2) 参数 p 的极大似然估计量。

15. 设总体 X 具有分布律：

X	1	2	3
P_k	θ^2	$2\theta(1-\theta)$	$(1-\theta)^2$

，其中 $\theta(0<\theta<1)$ 为未知参数。已知取得了样本值 $x_1=1,x_2=2,x_3=1$，求：

(1) θ 的矩估计值；(2) θ 的极大似然估计值。

第八章 假设检验

本章基本内容和要求

1. 假设检验的基本思想和方法

（1）假设检验的基本概念（理解）

（2）假设检验的基本思想与步骤（掌握）

（3）假设检验中的两类错误（理解）

2. 正态总体均值的假设检验

（1）正态总体的均值 u -检验（掌握）

（2）正态总体的均值 t -检验（掌握）

3. 正态总体方差的假设检验

（1）正态总体方差的 χ^2 检验（掌握）

（2）正态总体方差的 F 检验（掌握）

重点：正态总体的均值的假设检验（u -检验，t -检验）及正态总体方差的假设检验（x^2 检验，F 检验）

难点：检验方法的选取

1. 设总体 $X \sim N(\mu, \sigma^2)$，根据条件填写下表：

检验法	条件	H_0	统计量	分布	拒绝域
U 检验	σ^2 已知	$\mu = \mu_0$			
t 检验	σ^2 未知	$\mu = \mu_0$			
χ^2 检验	μ 未知	$\sigma^2 = \sigma_0^2$			

2. 设总体 $X \sim N(\mu_1, \sigma_1^2)$、$Y \sim N(\mu_2, \sigma_2^2)$，根据条件填写下表：

检验法	条件	H_0	统计量	分布	拒绝域
U 检验	σ_1^2、σ_2^2 已知	$\mu_1 = \mu_2$			
t 检验	σ_1^2、σ_2^2 未知但相等	$\mu_1 = \mu_2$			
F 检验	μ_1、μ_2 均未知	$\sigma_1^2 = \sigma_2^2$			

3. 在假设检验中，H_0 为原假设，犯第一类错误(弃真错误)指的是(　　　)。

　　A. H_0 成立，经检验接受 H_0

　　B. H_0 成立，经检验拒绝 H_0

　　C. H_0 不成立，经检验接受 H_0

　　D. H_0 不成立，经检验拒绝 H_0

4. 在假设检验中，显著性水平 α 的意义是(　　　)。

　　A. 原假设 H_0 为真时，经检验被拒绝的概率

　　B. 原假设 H_0 为真时，经检验不能拒绝的概率

　　C. 原假设 H_0 不真时，经检验被拒绝的概率

　　D. 原假设 H_0 不真时，经检验不能拒绝的概率

5. 某厂生产的化纤强度服从正态分布 $N(\mu, 0.04^2)$，某天测得 25 根纤维的强度的均值 $\bar{x} = 1.39$，问与原设计的标准值 1.40 有无显著差异？($\alpha = 0.05$，$u_{0.025} = 1.96$，$u_{0.05} = 1.65$)

6. 某棉纺织厂在正常生产情况下,每台布机每小时经纱断头根数服从正态分布 $N(9.73,1.62^2)$,为节约淀粉在 100 台布机上对经纱进行轻浆试验,测得每小时平均断头根数为 9.89,新的上浆法是否造成断头根数显著增加? $(\alpha=0.05, u_{0.05}=1.65, u_{0.025}=1.96)$

7. 某切割机在正常工作时切割的每段金属棒长度服从正态分布,且其平均长度为 10.5 cm,标准差为 0.15 cm。今从一批产品中随机抽取 16 段进行测量,计算出其平均长度 $\bar{x}=10.48$ cm。如果方差不变,问该切割机工作是否正常? $(\alpha=0.05, u_{0.05}=1.65, u_{0.025}=1.96, t_{0.05}(15)=1.75, t_{0.025}(15)=2.13)$

8. 已知某炼铁厂的铁水含碳量在正常情况下服从正态分布 $N(4.55, 0.11^2)$,某日测得 9 炉铁水的含碳量均值 $\bar{x}=4.45$。如果标准差不变,铁水含碳量的均值是否显著降低? $(\alpha=0.05, u_{0.05}=1.65, u_{0.025}=1.96)$

9. 某批矿砂的镍含量服从正态分布,抽测 16 个样品计算出镍含量均值 $\bar{x}=3.21$,标准差 $s=0.016$,问在 $\alpha=0.01$ 下能否接受这批矿砂镍含量的均值为 3.25 的假设? ($t_{0.005}(15)=2.95$)

10. 从 1995 年的新生儿(女)中随机地抽取 25 个,测得其平均体重为 3160 克,样本标准差为 300 克。根据过去统计资料知:新生儿(女)体重服从正态分布,其平均体重为 3140 克,问现在与过去的新生儿(女)体重有无显著差异? ($\alpha=0.05,u_{0.025}=1.96,u_{0.05}=1.65,t_{0.025}(24)=2.06,t_{0.05}(24)=1.71,$ $t_{0.05}(25)=1.72,t_{0.025}(25)=2.08$)

11. 某校某一学科学生成绩服从正态分布,μ,σ^2 均未知。现抽测 25 人的成绩,计算得:$\bar{x}=76.63,s=15.05$,问是否有理由认为该科的平均成绩明显高于 70? (取 $\alpha=0.05,u_{0.05}=1.645,t_{0.05}(24)=2.06$)

12. 一种电子元件的寿命 X（以小时计）服从正态分布，μ，σ^2 均未知。现测得 16 只元件的寿命并计算出：$\bar{x}=241.5$，$s=98.73$，问是否有理由认为元件的平均寿命小于 300 小时？（取 $\alpha=0.05$，$u_{0.05}=1.65$，$t_{0.05}(15)=1.75$）

13. 某厂生产的电池的寿命长期以来服从方差 $\sigma^2=5000$ 的正态分布，现有一批这种电池，从它的生产情况来看，寿命的波动性有所改变。现随机取 26 只电池，测出其寿命的样本方差 $s^2=9200$。根据这一数据能否推断这批电池的寿命的波动性较以往有显著的变化（取显著性水平 $\alpha=0.02$）？（已知：$\chi^2_{0.01}(25)=44.31$，$\chi^2_{0.99}(25)=11.52$，$\chi^2_{0.01}(26)=45.64$，$\chi^2_{0.99}(26)=12.20$）

14. 某厂生产铜丝质量一向稳定，现从其产品中随机抽取 10 段检查其折断力，测得 $\bar{x}=287.5$，$\sum\limits_{i=1}^{10}(x_i-\bar{x})^2=160$，假定铜丝的折断力服从正态分布，问在显著水平 $\alpha=0.1$ 下是否可以相信该厂生产的铜丝折断力的方差小于 16？（已知：$\chi^2_{0.1}(9)=14.68$，$\chi^2_{0.9}(9)=4.16$，$\chi^2_{0.05}(9)=16.92$，$\chi^2_{0.95}(9)=3.33$）

15. 已知某炼铁厂在生产正常的情况下，铁水含碳量 X 服从正态分布，其方差为 0.03。在某段时间抽测了 10 炉铁水，测得铁水含碳量的样本方差为 0.0375。试问在显著水平 $\alpha=0.05$ 下，这段时间生产的铁水含碳量方差与正常情况下的方差有无显著差异？（已知：$\chi^2_{0.025}(9)=19.02, \chi^2_{0.975}(9)=2.70$，$\chi^2_{0.05}(9)=16.92, \chi^2_{0.95}(9)=3.33, \chi^2_{0.025}(10)=20.48, \chi^2_{0.975}(10)=3.24$）

16. 设青海省、内蒙古自治区 20 岁的男子体重分别服从标准差 $\sigma_1=5.77$ 千克和 $\sigma_2=5.17$ 千克的正态分布。从青海省 20 岁的男子中抽取 153 人，其平均体重为 57.41 千克；又从内蒙古自治区同年龄的男子中抽取 686 人，其平均体重为 55.95 千克。试检验两地区 20 岁男子平均体重有无显著差异（$\alpha=0.05$）？（$u_{0.025}=1.96$）

17. 有两种型号的灯泡，从第一种灯泡中抽取 9 只灯泡进行测试，测得：$\bar{x}_1 = 1532$ 小时、$s_1 = 423$ 小时；从第二种灯泡中抽取 18 只进行测试，测得 $\bar{x}_2 = 1412$ 小时、$s_2 = 380$ 小时。如果两批灯泡的方差相等，试检验这两批灯泡的平均寿命是否存在显著差异。（$\alpha = 0.05, u_{0.025} = 1.96, u_{0.05} = 1.65, t_{0.025}(25) = 2.06, t_{0.05}(25) = 1.71$）

18. 设 $X \sim N(\mu_1, \sigma_1^2)$，$Y \sim N(\mu_2, \sigma_2^2)$，且 X 与 Y 相互独立，设 $(X_1, X_2, \cdots, X_6)$，$(Y_1, Y_2, \cdots, Y_6)$ 分别是来自 X, Y 的样本，已知上述样本的一组观测值，且 $S_1^2 = 0.07866, S_2^2 = 0.07100$，试检验 $H_0: \sigma_1^2 = \sigma_2^2$。（$\alpha = 0.05, F_{0.025}(5,5) = 7.15, F_{0.05}(5,5) = 5.05, t_{0.025}(8) = 3.060, t_{0.025}(10) = 2.2281$）

第二部分 模拟试卷

模拟试卷一

一、填空题(每小题 3 分,共 15 分)

1. 已知 $P(A)=0.5, P(B)=0.2, A$ 与 B 相互独立,则 $P(\overline{A}+\overline{B})$ = _____。

2. 将两封信随机地投入四个邮筒中,则未向前面两个邮筒投信的概率为_____。

3. 设随机变量 $X \sim N(1,4)$,已知 $\Phi(0.5)=0.6915, \Phi(1.5)=0.9332$,则 $P\{|X|<2\}=$ _____。

4. 设随机变量 $X \sim N(-1,4), Y \sim N(1,2)$,且 X 与 Y 相互独立,则 $D(X-2Y)=$ _____。

5. 设 $X_1, X_2, \cdots, X_n$ 是总体 $N(\mu, \sigma^2)$ 的样本,则 $\chi^2 = \dfrac{1}{\sigma^2} \sum\limits_{i=1}^{n} (X_i - \mu)^2$ 服从_____分布。

二、选择题(每小题 3 分,共 15 分)

1. 设 $0<P(A)<1, 0<P(B)<1, P(A|B)+P(\overline{A}|\overline{B})=1$,则下式正确的是( )。

    A. A, B 互不相容   B. A, B 相互独立

    C. A, B 相互对立   D. A, B 互不独立

2. 设随机事件 A, B 互不相容,$P(A)=p, P(B)=q$,则 $P(\overline{A}B)=($)。

A. $(1-p)q$　　B. pq　　　　C. q　　　　　D. p

3. 设随机变量 X 的密度函数为 $f(x)$，则 $Y = 5 - 2X$ 的密度函数为（　　）。

A. $-\dfrac{1}{2} f\left(-\dfrac{y-5}{2}\right)$　　　　B. $\dfrac{1}{2} f\left(-\dfrac{y-5}{2}\right)$

C. $-\dfrac{1}{2} f\left(-\dfrac{y+5}{2}\right)$　　　　D. $\dfrac{1}{2} f\left(-\dfrac{y+5}{2}\right)$

4. 设 $X \sim N(\mu, \sigma^2)$，其中 μ 已知，σ^2 未知，X_1, X_2, X_3 为一样本，则下列选项中不是统计量的是（　　）。

A. $X_1 + X_2 + X_3$　　　　B. $\max\{X_1, X_2, X_3\}$

C. $\displaystyle\sum_{i=1}^{3} \dfrac{X_i^2}{\sigma^2}$　　　　D. $X_1 - \mu$

5. 设 $X_1, X_2, \cdots, X_n$ 是总体 $N(0,1)$ 的样本，$\overline{X}, S^2$ 分别是样本均值和样本方差，则以下不正确的是（　　）。

A. $\sqrt{n}\, \overline{X} \sim N(0,1)$　　　　B. $\dfrac{\overline{X}}{S} \sim t(n-1)$

C. $\displaystyle\sum_{i=1}^{n} X_i^2 \sim \chi^2(n)$　　　　D. $\overline{X} \sim N\left(0, \dfrac{1}{n}\right)$

三、解答题（每小题 10 分，共 70 分）

1. 已知在 10 只晶体管中有 2 只次品，在其中取两次，每次任取一只，作不放回抽样，求下列事件的概率：

（1）2 只都是正品；（2）1 只是正品，1 只是次品。

2. 某人从南京到上海办事,他乘火车、乘汽车、乘飞机的概率分别为 0.5, 0.3, 0.2。如果乘火车去正点到达的概率为 0.95,乘汽车去正点到达的概率为 0.9,乘飞机去肯定正点到达。

(1) 求他正点到达上海的概率;(2) 如果他正点到达上海,乘火车的概率是多少?

3. 设随机变量 X 的概率密度为 $f(x) = \begin{cases} cx^a, & 0 \leqslant x \leqslant 1 \\ 0, & \text{其他} \end{cases}$,且 $E(X) = 0.75$,求常数 c 和 a。

4. 设随机变量 X 的密度函数为 $f(x) = Ce^{-\frac{|x|}{a}}$　$(a > 0)$。

(1) 试确定常数 C;(2) 求 X 的分布函数;(3) 求 $P\{|X| < 2\}$。

5. 设随机变量 X 具有密度函数 $f(x)=\begin{cases}x, & 0\leqslant x\leqslant 1 \\ 2-x, & 1<x\leqslant 2 \\ 0, & \text{其他}\end{cases}$，求 $E(X)$ 及 $D(X)$。

6. 设二维随机变量 (X,Y) 的联合密度为 $f(x,y)=\begin{cases}2e^{-2(2x+y)}, & x>0, y>0 \\ 0, & \text{其他}\end{cases}$。

（1）求 X 与 Y 的边缘概率密度；（2）问 X 与 Y 是否相互独立？

7. 设总体 X 的概率密度函数为 $f(x)=\begin{cases}(\alpha+1)x^{\alpha}, & 0<x<1 \\ 0, & \text{其他}\end{cases}$，$X_1, X_2, \cdots, X_n$ 为取自总体 X 的样本，求未知参数 α 的极大似然估计量。

模拟试卷二

一、填空题(每小题 3 分,共 15 分)

1. 已知 $P(A)=0.4$,$P(B)=0.3$,A 与 B 相互独立,则 $P(A+B)$ =_____。

2. 若 A 为不可能事件,则 $P(A)=$_____。

3. 若 $X \sim B(4,p)$,而 $E(X)=3$,则 $P\{X=3\}=$_____。

4. 已知 $X \sim N(50,2^2)$,$\overline{X}$ 为样本均值,样本容量为 9,则 $P(\overline{X}<48)=$_____。(用标准正态分布 $\Phi(\ )$ 表示)

5. 设 $X_1,X_2,\cdots,X_n$ 是总体 $N(\mu,\sigma^2)$ 的样本,$\overline{X}$,S^2 分别是样本均值和样本方差,则 $\dfrac{\overline{X}-\mu}{\frac{S}{\sqrt{n}}}$ 服从_____分布。

二、选择题(每小题 3 分,共 15 分)

1. 设随机事件 A,B,C 两两互斥,且 $P(A)=0.2$,$P(B)=0.3$,$P(C)=0.4$,则 $P(A \cup B-C)=($ 　　$)$。

  A. 0.5　　　　B. 0.1　　　　C. 0.44　　　　D. 0.3

2. 若 $X \sim \chi^2(n)$,则 $E(X^2)=($ 　　$)$。

  A. $3n$　　　　B. $2n$　　　　C. n^2+2n　　　　D. n^2+n

3. 对于事件 A,B,下列命题正确的是(　　)。

  A. 若 A,B 互不相容,则 $\overline{A}$ 与 $\overline{B}$ 也互不相容

  B. 若 A,B 相容,那么 $\overline{A}$ 与 $\overline{B}$ 也相容

  C. 若 A,B 互不相容,且概率都大于零,则 A,B 也相互独立

  D. 若 A,B 相互独立,那么 $\overline{A}$ 与 $\overline{B}$ 也相互独立

4. 设 X_1,X_2,X_3 相互独立同服从参数 $\lambda=3$ 的泊松分布,令 $Y=\dfrac{1}{3}(X_1+$

$X_2 + X_3$），则 $E(Y^2) = ($　　　$)$。

　　A. 1　　　　　　B. 9　　　　　　C. 10　　　　　　D. 6

　　5. 若总体 X 在 $(0, \theta)$ 上服从均匀分布，$\theta > 0$，$X_1, X_2, \cdots, X_n$ 是总体 X 的样本，则 θ 的矩估计量为（　　）。

　　A. $\overline{X}$　　　　　　B. $2\overline{X}$　　　　　　C. $\overline{x}$　　　　　　D. $2\overline{x}$

三、解答题（每小题 10 分，共 70 分）

　　1. 将 3 个球随机地放入 4 个杯子中去，求杯子中球的最大个数分别为 1，2，3 的概率。

　　2. 甲，乙，丙三人独立地去破译一份密码，已知各人能译出的概率分别为 $\dfrac{1}{5}, \dfrac{1}{3}, \dfrac{1}{4}$，求：

　　（1）密码被译出的概率；（2）甲、乙译出而丙译不出的概率。

　　3. 随机变量 X 的分布函数为 $F(x) = \begin{cases} 0, & x < 1 \\ \ln x, & 1 \leqslant x < e。 \\ 1, & x \geqslant e \end{cases}$

　　（1）求 $P\{2 < X < \dfrac{5}{2}\}$；（2）求 X 的概率密度 $f(x)$。

4. 设随机变量 X 的概率密度 $f(x) = \dfrac{1}{2}\mathrm{e}^{-|x|}$，$-\infty < x < +\infty$，求随机变量 X 的 $E(X)$，$D(X)$。

5. 设随机变量 X 的分布律为

X	-2	-1	0	1	3
P	$\dfrac{1}{5}$	$\dfrac{1}{6}$	$\dfrac{1}{5}$	$\dfrac{1}{15}$	c

（1）求常数 c；（2）求 $Y = X^2$ 的分布律；（3）求 $Y = X^2$ 的分布函数。

6. 设随机变量 X 和 Y 具有联合概率密度 $f(x,y) = \begin{cases} k\mathrm{e}^{-x-y}, & x>0, y>0 \\ 0, & \text{其他} \end{cases}$。

（1）试确定常数 k；（2）求边缘概率密度 $f_X(x)$，$f_Y(y)$；（3）判断 X 和 Y 的独立性。

7. 总体 $X \sim B(1, p)$，$(X_1, X_2, \cdots, X_n)$ 为来自 X 的样本，$(x_1, x_2, \cdots, x_n)$ 为一组样本值，求：

（1）p 的极大似然估计值；（2）p 的矩估计值。

模拟试卷三

一、填空题(每小题 3 分,共 15 分)

1. A,B 为两事件,如果 $P(A)>0$ 且 $P(B|A)=P(B)$,则 A 与 B _____。

2. 试验 E 的样本空间为 S,A 为 E 的事件,B_1,B_2 为 S 的一个划分,且 $P(A)>0,P(B_1)>0,P(B_2)>0$,则 $P(B_1|A)=$ _____。

3. 设 $X\sim N(-1,2^2)$,$Y=-2X+1$,则 $Y\sim$ _____。

4. 已知 $X\sim B(5,0.2)$,则 $E(X^2+X+1)=$ _____。

5. 设 $X_1,X_2,\cdots,X_n$ 是总体 $N(\mu,\sigma^2)$ 的样本,$\overline{X},S^2$ 分别是样本平均值和样本方差,则 $\dfrac{\overline{X}-\mu}{\frac{\sigma}{\sqrt{n}}}$ 服从_____分布。

二、选择题(每小题 3 分,共 15 分)

1. 从一副 52 张的扑克牌中,任意抽出 5 张,其中没有 K 字牌的概率为( )。

 A. $\dfrac{48}{52}$ B. $\dfrac{C_{48}^5}{C_{52}^5}$ C. $\dfrac{C_{48}^5}{52}$ D. $\dfrac{48^5}{52^5}$

2. 设随机变量 X 的分布函数 $F(x)=\begin{cases}a+be^{-\lambda x},&x>0\\0,&x\leq0\end{cases}$,其中 $\lambda>0$ 为常数,则常数 a,b 为( )。

 A. $-1,1$ B. $1,-1$ C. $1,1$ D. $-1,-1$

3. 设随机变量 X 和 Y 相互独立且都服从 $0-1$ 分布:$P\{X=0\}=P\{Y=0\}=\dfrac{2}{3}$,$P\{X=1\}=P\{Y=1\}=\dfrac{1}{3}$,则 $P\{X=Y\}=$( )。

 A. 0 B. $\dfrac{5}{9}$ C. $\dfrac{7}{9}$ D. 1

4. 对任意随机变量 X 和 Y,以下选项正确的是( )。

    A. $E(X+Y)=E(X)+E(Y)$ B. $D(X+Y)=D(X)+D(Y)$

    C. $E(XY)=E(X)E(Y)$ D. $D(XY)=D(X)D(Y)$

5. 设一批零件的长度服从正态分布 $N(\mu,\sigma^2)$,其中 μ,σ^2 均未知,现从中随机抽取 16 个零件,测得样本均值 $\overline{x}=20(\mathrm{cm})$,样本标准差 $s=1(\mathrm{cm})$,则 μ 的置信度为 0.90 的置信区间为( )。

    A. $\left(20-\dfrac{1}{4}t_{0.05}(16),20+\dfrac{1}{4}t_{0.05}(16)\right)$

    B. $\left(20-\dfrac{1}{4}t_{0.1}(16),20+\dfrac{1}{4}t_{0.1}(16)\right)$

    C. $\left(20-\dfrac{1}{4}t_{0.05}(15),20+\dfrac{1}{4}t_{0.05}(15)\right)$

    D. $\left(20-\dfrac{1}{4}t_{0.1}(15),20+\dfrac{1}{4}t_{0.1}(15)\right)$

三、解答题(每小题 10 分,共 70 分)

1. 甲、乙两战士同时独立地向一目标射击,已知甲命中率为 0.7,乙命中率为 0.6。求:

(1) 目标被击中的概率;(2) 在已知目标被击中的条件下,目标被甲击中的概率。

2. 若 $P(A\bigcup B)=0.8,P(\overline{B})=0.4$,求 $P(\overline{B}A)$。

3. 设随机变量 X 的分布函数为 $F(x)=\begin{cases}0, & x\leqslant 0 \\ Ax^2, & 0<x\leqslant 1,\text{求：} \\ 1, & x\geqslant 1\end{cases}$

（1）常数 A；（2）X 落在 $[-1,0.5]$ 内的概率；（3）$E(X),D(X)$。

4. 设离散型随机变量 X 的分布律是

X	-2	-1	0	1	2
P	$\dfrac{1}{6}$	$\dfrac{2}{9}$	$\dfrac{1}{9}$	$\dfrac{1}{3}$	$\dfrac{1}{6}$

（1）求 $Y=|X|$ 的分布律；（2）求 $E(X),D(X)$。

5. 设二维随机变量 (X,Y) 的概率密度为 $f(x,y)$ $=\begin{cases}Cxy^2, & 0<x<1,0<y<1 \\ 0, & \text{其他}\end{cases}$。

（1）试确定常数 C；（2）求边缘概率密度 $f_X(x),f_Y(y)$；（3）判断 X 与 Y 的独立性。

6. 设 $X_1, X_2, \cdots, X_n$ 为总体的一个样本，$x_1, x_2, \cdots, x_n$ 为一相应的样本值，总体的概率密度函数为 $f(x) = \begin{cases} \sqrt{\theta} x^{\sqrt{\theta}-1}, & 0 \leqslant x \leqslant 1 \\ 0, & \text{其他} \end{cases}$，其中 $\theta > 0, \theta$ 为未知参数。求：

(1) θ 的矩估计值；(2) θ 的极大似然估计值。

7. 某种电子元件的寿命 X（以小时计）服从正态分布，μ, σ^2 均未知，现测得 16 只元件的寿命如下：159, 280, 101, 212, 224, 379, 179, 264, 222, 362, 168, 250, 149, 260, 485, 170。

已知 $s = 98.7259$。问是否有理由认为元件的平均寿命大于 225（小时）？（取 $\alpha = 0.05, u_{0.05} = 1.645, t_{0.05}(15) = 1.7531$）

模拟试卷四

一、填空题(每小题 3 分,共 15 分)

1. 100 件产品中有 5 件次品,任取 10 件,恰有 2 件为次品的概率为_____。

2. 设随机变量 $X \sim N(-1,4)$,$Y \sim N(1,2)$,且 X 与 Y 相互独立,则 $D(X-2Y) = $ _____。

3. 设总体 $X \sim N(\mu, \sigma^2)$,σ^2 为已知,$X_1, X_2, \cdots, X_n$ 是来自 X 的样本,则 μ 的置信度为 $1-\alpha$ 的置信区间为_____。

4. 设二维随机变量 X 和 Y 的联合概率密度为 $f(x,y)$,则 $\int_{-\infty}^{+\infty} \int_{-\infty}^{+\infty} f(x, y)\mathrm{d}x\mathrm{d}y = $_____。

5. 已知 $X_1, X_2, \cdots, X_n$ 相互独立,且 $X_k \sim N(\mu_k, \sigma_k^2)$($k=1,2,\cdots,n$),则 $\sum_{k=1}^{n} \left(\dfrac{X_k - \mu_k}{\sigma_k}\right)^2 \sim$_____。

二、选择题(每小题 3 分,共 15 分)

1. 设随机事件 A 与 B 互不相容,$P(A)=0.4$,$P(B)=0.2$,则 $P(A|B) = $ ( )。

    A. 0   B. 0.2   C. 0.4   D. 0.5

2. 设随机变量 X 服从二项分布 $B(n,p)$,则 $\dfrac{D(X)}{E(X)} = $ ( )。

    A. n B. $1-p$ C. p D. $\dfrac{1}{1-p}$

3. 当事件 S 与 T 同时发生时,事件 K 也随之发生,则( )。

    A. $P(K) \leqslant P(S)+P(T)-1$ B. $P(K) \geqslant P(S)+P(T)-1$

    C. $P(K)=P(S)P(T)$ D. $P(K) \leqslant P(S \bigcup T)$

4. 已知随机变量 $X \sim B(n,p)$,且 $E(X)=6$,$D(X)=3$,则 $n=$ ( )。

　　A. 6　　　　　　　B. 3　　　　　　C. 12　　　　　　D. 18

5. 设总体 X 的数学期望为 μ，方差为 σ^2，X_1，X_2 是来自 X 的一个样本，则在下述 μ 的 4 个估计量中，(　　　)最有效。

　　A. $\dfrac{1}{3}X_1 + \dfrac{2}{3}X_2$　　　　　　　　　B. $\dfrac{3}{4}X_1 + \dfrac{1}{4}X_2$

　　C. $\dfrac{1}{2}X_1 + \dfrac{1}{2}X_2$　　　　　　　　　D. $\dfrac{1}{2}X_1 + \dfrac{1}{3}X_2$

三、解答题(每小题 10 分,共 70 分)

1. 张、王、赵三名同学各自独立地去解一道数学难题,他们能解出的概率分别为 $\dfrac{1}{5}$，$\dfrac{1}{3}$，$\dfrac{1}{4}$，试求：

　　(1) 恰有一人解出难题的概率;(2) 难题被解出的概率。

2. 两个信号甲与乙传输到接收站,已知把信号甲错收为乙的概率为 0.02,把信号乙错收为甲的概率为 0.01,而甲发射的机会是乙的 2 倍,求：

　　(1) 收到信号乙的概率;(2) 收到信号乙而发射的是信号甲的概率。

3. 设 X 是连续型随机变量,已知 X 的密度函数为 $f(x)=\begin{cases} A\mathrm{e}^{-\lambda x}, & x\geqslant 0 \\ 0, & x<0 \end{cases}$,

其中 λ 为正常数。试求:

(1) 常数 A;(2) X 的分布函数 $F(x)$。

4. 设随机变量 X 的分布律为

X	-2	0	2
P	0.4	0.3	0.3

求:(1) $E(X)$;(2) $E(X^2)$;(3) $E(3X^2+5)$。

5. 设二维随机变量 (X,Y) 的联合密度为 $f(x,y)=\begin{cases} 2\mathrm{e}^{-(2x+y)}, & x>0,y>0 \\ 0, & \text{其他} \end{cases}$。

(1) 求 X,Y 的边缘概率密度;(2) 问 X 与 Y 是否相互独立?

6. 设 $X_1, X_2, \cdots, X_n$ 是来自总体的样本, 总体 X 的密度函数为 $f(x) = \begin{cases} (\theta+1)x^\theta, & 0<x<1 \\ 0, & \text{其他} \end{cases}$, 其中 $\theta > -1$ 是未知参数, 求:

(1) 参数 θ 的矩估计量; (2) 参数 θ 的极大似然估计量。

7. 某校进行教学改革, 一学科学生成绩 X 服从正态分布, μ, σ^2 均未知。现抽测 19 人的成绩如下:

70,80,67,86,61,96,92,87,62,51,81,99,76,86,93,79,81,62,47

问是否有理由认为该科的平均成绩大于对照组的平均成绩 70? (取 $\alpha = 0.05, u_{0.05} = 1.645, t_{0.05}(18) = 1.734$)

第三部分　考研真题

一、选择题

1. 设 $F_1(x)$，$F_2(x)$ 为两个分布函数，其相应的概率密度 $f_1(x)$，$f_2(x)$ 是连续函数，则必为概率密度的是（　　）。

　　A. $f_1(x)f_2(x)$ 　　　　　　　　B. $2f_2(x)F_1(x)$

　　C. $f_1(x)F_2(X)$ 　　　　　　　　D. $f_1(x)F_2(x)+f_2(x)F_1(x)$

2. 设总体 X 服从参数为 $\lambda(\lambda>0)$ 的泊松分布，$X_1,X_2,\cdots,X_n(n\geqslant 2)$ 为来自总体的简单随机样本，则对应的统计量 $T_1=\dfrac{1}{n}\sum_{i=1}^{n}X_i$，$T_2=\dfrac{1}{n-1}\sum_{i=1}^{n-1}X_i+\dfrac{1}{n}X_n$，则有（　　）。

　　A. $E(T_1)>E(T_2)$，$D(T_1)>D(T_2)$

　　B. $E(T_1)>E(T_2)$，$D(T_1)<D(T_2)$

　　C. $E(T_1)<E(T_2)$，$D(T_1)>D(T_2)$

　　D. $E(T_1)<E(T_2)$，$D(T_1)<D(T_2)$

3. 设随机变量 X 与 Y 相互独立，且都服从区间 $(0,1)$ 上的均匀分布，则 $P\{X^2+Y^2\leqslant 1\}=$（　　）。

　　A. $\dfrac{1}{4}$ 　　　　B. $\dfrac{1}{2}$ 　　　　C. $\dfrac{\pi}{8}$ 　　　　D. $\dfrac{\pi}{4}$

4. 设 X_1,X_2,X_3,X_4 为来自总体 $N(1,\sigma^2)(\sigma>0)$ 的简单随机样本，则统计量 $\dfrac{X_1-X_2}{|X_3+X_4-2|}$ 的分布为（　　）。

　　A. $N(0,1)$ 　　B. $t(1)$ 　　　　C. $\chi^2(1)$ 　　　　D. $F(1,1)$

5. 设 x_1,x_2,x_3 是随机变量，且 $x_1\sim N(0,1)$，$x_2\sim N(0,2^2)$，$x_3\sim$

$N(5,3^2), P_j = P\{-2 \leqslant x_j \leqslant 2\}(j=1,2,3)$,则(　　)。

A. $P_1 > P_2 > P_3$ B. $P_2 > P_1 > P_3$

C. $P_3 > P_1 > P_2$ D. $P_1 > P_3 > P_2$

6. 设随机变量 $X \sim t(n), Y \sim F(1,n)$,给定 $\alpha(0 < \alpha < 0.5)$,常数 c 满足 $P\{X > c\} = \alpha$,则 $P\{Y > c^2\} = ($　　$)$。

A. α B. $1-\alpha$ C. 2α D. $1-2\alpha$

7. 设随机事件 A 与 B 相互独立,且 $P(B)=0.5, P(A-B)=0.3$,求 $P(B-A) = ($　　$)$。

A. 0.1   B. 0.2   C. 0.3   D. 0.4

8. 设 X_1, X_2, X_3 为来自正态总体 $N(0, \sigma^2)$ 的简单随机样本,则统计量 $\dfrac{X_1 - X_2}{\sqrt{2}\,|X_3|}$ 服从的分布为(　　)。

A. $F(1,1)$ B. $F(2,1)$ C. $t(1)$ D. $t(2)$

9. 设 A, B 为任意两个随机事件,则(　　)。

A. $P(AB) \leqslant P(A)P(B)$ B. $P(AB) \geqslant P(A)P(B)$

C. $P(AB) \leqslant \dfrac{P(A)+P(B)}{2}$ D. $P(AB) \geqslant \dfrac{P(A)+P(B)}{2}$

10. 设总体 $X \sim B(m, \theta), x_1, x_2, \cdots, x_n$ 为来自该总体的简单随机样本,$\overline{X}$ 为样本均值,则 $E\left[\sum\limits_{i=1}^{n}(x_i - \overline{X})^2\right] = ($　　$)$。

A. $(m-1)n\theta(1-\theta)$ B. $m(n-1)\theta(1-\theta)$

C. $(m-1)(n-1)\theta(1-\theta)$ D. $mn\theta(1-\theta)$

11. 设 A, B 为两个随机变量,且 $0 < P(A) < 1, 0 < P(B) < 1$,如果 $P(A|B)=1$,则(　　)。

A. $P(\overline{B}|\overline{A})=1$ B. $P(A|\overline{B})=0$

C. $P(A \bigcup B)=1$ D. $P(B|A)=1$

12. 设随机变量 X 与 Y 相互独立,且 $X \sim N(1,2), Y \sim N(1,4)$,则 $D(XY) = ($　　$)$。

A. 6   B. 8   C. 14   D. 15

二、填空题

1. 设 A,B,C 是随机事件, A 与 C 互不相容, $P(AB)=\dfrac{1}{2}$, $P(C)=\dfrac{1}{3}$, 则 $P(AB|\overline{C})=$ ＿＿＿＿＿＿＿。

2. 设随机变量 Y 服从参数为 1 的指数分布, a 为常数且大于零, 则 $P\{Y\leqslant a+1|Y>a\}=$ ＿＿＿＿＿＿＿。

3. 设总体 X 的概率密度为 $f(x;\theta)=\begin{cases}\dfrac{2x}{3\theta^2}, & \theta<x<2\theta\\ 0, & 其他\end{cases}$, 其中 θ 是未知参数, $X_1,X_2,\cdots X_n$ 为来自总体 X 的简单样本, 若 $c\displaystyle\sum_{i=1}^{n}x_i^2$ 是 θ^2 的无偏估计, 则 $c=$ ＿＿＿＿＿＿＿。

4. 设二维随机变量 (X,Y) 服从正态分布 $N(1,0;1,1;0)$, 则 $P(XY-Y<0)=$ ＿＿＿＿＿＿＿。

5. 设袋中有红、白、黑球各 1 个, 从中有放回地取球, 每次取 1 个, 直到三种颜色的球都取到时停止, 则取球次数恰好为 4 的概率为 ＿＿＿＿＿＿＿。

三、解答题

1. 已知随机变量 X,Y 的分布律分别为

X	0	1
P	$\dfrac{1}{3}$	$\dfrac{2}{3}$

Y	-1	0	1
P	$\dfrac{1}{3}$	$\dfrac{1}{3}$	$\dfrac{1}{3}$

$P(X^2=Y^2)=1$

求:(1) (X,Y) 的分布;(2) $Z=XY$ 的分布;(3) ρ_{XY}。

2. (X,Y) 在 G 上服从均匀分布，G 由 $x-y=0$，$x+y=2$ 与 $y=0$ 围成。

（1）求边缘密度 $f_X(x)$；（2）求 $f_{X|Y}(x|y)$。

3. 设二维离散型随机变量 X,Y 的概率分布为

X＼Y	0	1	2
0	$\frac{1}{4}$	0	$\frac{1}{4}$
1	0	$\frac{1}{3}$	0
2	$\frac{1}{12}$	0	$\frac{1}{12}$

（1）求 $P\{X=2Y\}$；

（2）求 $\text{Cov}(X-Y,Y)$。

4. 设随机变量 X 与 Y 相互独立，且服从参数为 1 的指数分布。记 $U=\max\{X,Y\}$，$V=\min\{X,Y\}$。

（1）求 V 的概率密度 $f_V(v)$；

（2）求 $E(U+V)$。

5. 设随机变量 X 的概率密度为 $f(x)=\begin{cases}\dfrac{1}{a}x^2, & 0<x<3\\0, & \text{其他}\end{cases}$，令随机变量

$Y=\begin{cases}2, & x\leqslant 1\\x, & 1<x<2\\1, & x\geqslant 2\end{cases}$。

（1）求 Y 的分布函数；（2）求概率 $P\{X\leqslant Y\}$。

6. 设总体 X 的概率密度为 $f(x;\theta)=\begin{cases}\dfrac{\theta^2}{x^3}\mathrm{e}^{-\frac{\theta}{x}}, & x>0\\0, & \text{其他}\end{cases}$，其中 θ 为未知参数且大于零，$X_1,X_2,\cdots,X_n$ 为来自总体 X 的简单随机样本。

（1）求 θ 的矩估计量；（2）求 θ 的极大似然估计量。

7. 设随机变量 X 的概率分布为 $P\{X=1\}=P\{X=2\}=\dfrac{1}{2}$，在给定 $X=i$ 的条件下，随机变量 Y 服从均匀分布 $U(0,i)(i=1,2)$。

（1）求 Y 的分布函数 $F_Y(y)$；（2）求 $E(Y)$。

8. 设随机变量 X 与 Y 的概率分布相同，X 的概率分布为 $P\{X=0\}=\dfrac{1}{3}$，

$P\{X=1\}=\dfrac{2}{3}$，且 X 与 Y 的相关系数 $\rho_{XY}=\dfrac{1}{2}$。

　　（1）求 (X,Y) 的概率分布；

　　（2）求 $P\{X+Y\leqslant 1\}$。

9. 设随机变量 X 的概率密度为 $f(x)=\begin{cases}2^{-x}\ln 2, & x>0 \\ 0, & x\leqslant 0\end{cases}$，对 X 进行独立

重复的观测，直到第 2 个大于 3 的观测值出现时停止，记 Y 为观测次数。

　　（1）求 Y 的概率分布；

　　（2）求 $E(Y)$。

10. 设总体 X 的概率密度为 $f(x;\theta)=\begin{cases}\dfrac{1}{1-\theta}, & \theta\leqslant x\leqslant 1 \\ 0, & 其他\end{cases}$，其中 θ 为未知

参数，$X_1,X_2,\cdots,X_n$ 为来自该总体的简单随机样本。

　　（1）求 θ 的矩估计量；

　　（2）求 θ 的极大似然估计量。

11. 设二维随机变量(X,Y)在区域$D=\{(x,y)\mid 0<x<1,x^2<y<\sqrt{x}\}$上服从均匀分布,令$U=\begin{cases}1,&X\leqslant Y\\0,&X>Y\end{cases}$。

（1）写出(X,Y)的概率密度；

（2）问U与X是否相互独立？并说明理由。

12. 设总体X的概率密度$f(x,\theta)=\begin{cases}\dfrac{3x^2}{\theta^3},&0<x<\theta\\0,&其他\end{cases}$,其中$\theta\in(0,+\infty)$为未知参数,$X_1,X_2,X_3$为来自$X$的简单随机样本,令$T=\max(X_1,X_2,X_3)$。

（1）求T的概率密度；

（2）确定a,使得$E(aT)=\theta$。

第四部分　参考答案

第一章　随机事件与概率

A 组

一、填空题

1. $\{(1,2),(1,3),(2,1),(2,3),(3,1),(3,2)\}$　2. 不可能,0

3. $AB \cup BC \cup AC$　4. "甲种产品滞销,乙种产品畅销"　5. $A \cup \overline{B}\overline{C}, \overline{A}BC$

6. 0.9　7. 0.4　8. $P(B)-P(A)$　9. 0.6　10. 0.7　11. $\dfrac{5}{8}$　12. 试验中

基本事件总数是有限的,每一基本事件发生是等可能的　13. $\dfrac{1}{3}$　14. $\dfrac{C_{95}^8 C_5^2}{C_{100}^{10}}$

15. $\dfrac{10}{21}$

二、选择题

1. D　2. D　3. C　4. B　5. D　6. A　7. C　8. C　9. B　10. C
11. C　12. A　13. C　14. D　15. D　16. A　17. C　18. B　19. B
20. A　21. A　22. A

三、计算题

1. 0.2　2. (1) $\dfrac{5}{11}$,(2) $\dfrac{4}{33}$　3. (1) $\dfrac{27}{55}$,(2) $\dfrac{34}{55}$　4. $\dfrac{252}{2431}$　5. (1) $\dfrac{1}{30}$,

(2) $\dfrac{11}{12}$　6. (1) $\dfrac{28}{45}$,(2) $\dfrac{16}{45}$　7. 0.7265　8. $\dfrac{3}{8}, \dfrac{9}{16}, \dfrac{1}{16}$　9. $\dfrac{11}{130}$

10. (1) $\dfrac{n!}{N^n}$, (2) $\dfrac{A_N^n}{N^n}$　11. (1) $\dfrac{16}{33}$, (2) $\dfrac{17}{33}$

B 组

一、填空题

1. $P(B)$　2. 0.7　3. $\dfrac{P(B_1)P(A\mid B_1)}{P(B_1)P(A\mid B_1)+P(B_2)P(A\mid B_2)}$　4. 0.4

5. $P(A)P(B)P(C)$　6. 相互独立　7. 0.3, 0.5　8. 0.65　9. 0.7　10. $\dfrac{3}{7}$

11. 0.25　12. $C_5^3\left(\dfrac{1}{4}\right)^3\left(\dfrac{3}{4}\right)^2$

二、选择题

1. C　2. B　3. A　4. A　5. D　6. D　7. D　8. A　9. B　10. A

11. B　12. D　13. D　14. A　15. A　16. B　17. C　18. C　19. D

20. D

三、计算题

1. (1) $\dfrac{1}{8}$, (2) $\dfrac{1}{4}$　2. 96.55%　3. (1) 0.857, (2) 0.9977　4. 0.4

5. (1) $\dfrac{2}{5}$, (2) $\dfrac{1}{4}$　6. (1) $\dfrac{1}{2}$, (2) $\dfrac{2}{5}$　7. 0.998, 0.442　8. 0.973　9. 0.3,

0.6　10. (1) $\dfrac{(n+m)a+n}{(m+n)(a+b+1)}$, (2) $\dfrac{n(a+1)}{(n+m)a+n}$　11. (1) $\dfrac{103}{300}$, (2) $\dfrac{4}{103}$

12. $\dfrac{m}{m+n2^r}$　13. (1) 0.02625, (2) 0.95238　14. $\dfrac{20}{21}$　15. (1) $\dfrac{1}{2}$, (2) $\dfrac{1}{3}$

16. 0.28　17. 0.003　18. (1) $\dfrac{13}{30}$, (2) $\dfrac{3}{5}$　19. 0.154　20. $p_1p_4+p_1p_2p_3$

$-p_1p_2p_3p_4$　21. 0.9919　22. (1) 0.42, (2) 0.88, (3) $\dfrac{35}{44}$　23. (1) 0.5,

(2) 0.84　24. (1) 0.1808, (2) 10

第二章　随机变量及其分布

一、填空题

1. 0.3　2. $a < X \leqslant b$　3. $\dfrac{1}{2} f_X\left(-\dfrac{y}{2}\right)$　4. $\dfrac{5}{9}$　5. $\dfrac{9}{10}$　6. 0.6　7. $\dfrac{81}{40}$

8. 0.1　9. $0.4, 0.1, 0.5$　10. $F(x_2) - F(x_1)$　11. $f(x) = \begin{cases} \dfrac{1}{x}, & 1 \leqslant x < e \\ 0, & \text{其他} \end{cases}$

12. 2.4　13. $N(2,13)$　14. 0.0081　15. 0.6247　16. 0.2　17. $1 - e^{-2}$

18. $N(0,1)$　19. $e^{-\lambda}$　20. $3, 16$　21. 3　22. $\dfrac{1}{\sqrt{2\pi}\sigma} e^{-\frac{(x-\mu)^2}{2\sigma^2}}$

23. $\dfrac{2^k e^{-2}}{k!}, k = 0, 1, 2, \cdots$

二、选择题

1. B　2. D　3. B　4. C　5. B　6. B　7. A　8. A　9. A

三、计算题

1. (1) $F(x) = \begin{cases} 0, & x < -1 \\ 0.3, & -1 \leqslant x < 0 \\ 0.7, & 0 \leqslant x < 2 \\ 1, & x \geqslant 2 \end{cases}$, (2) 0.7

2. (1) $\ln\dfrac{5}{4}$, (2) $f(x) = \begin{cases} \dfrac{1}{x}, & 1 \leqslant x < e \\ 0, & \text{其他} \end{cases}$

3. (1)

Y	0	1	4	9
P	$\dfrac{1}{5}$	$\dfrac{7}{30}$	$\dfrac{1}{5}$	$\dfrac{11}{30}$

, (2) $\dfrac{13}{30}$

4. (1) $F(x)=\begin{cases}0, & x<-1\\0.2, & -1\leqslant x<1\\0.7, & 1\leqslant x<2\\1, & x\geqslant2\end{cases}$,(2) 0.7

5. (1) $A=1,B=-1$,(2) $1-\mathrm{e}^{-2}$

6. (1)

Y	0	1	2
P	0.25	0.4	0.35

,(2) 0.65

7. (1) $A=2$,(2) $\dfrac{3}{4}$

8. (1) $F(x)=\begin{cases}0, & x<-1\\\dfrac{1}{3}, & -1\leqslant x<1\\\dfrac{5}{6}, & 1\leqslant x<2\\1, & x\geqslant2\end{cases}$,(2) $\dfrac{2}{3}$

9. (1) $k=-\dfrac{1}{2}$,(2) $F(x)=\begin{cases}0, & x<0\\-\dfrac{x^2}{4}+x, & 0\leqslant x<2\\1, & x\geqslant2\end{cases}$

10. (1) $A=\lambda$,(2) $F(x)=\begin{cases}1-\mathrm{e}^{-\lambda x}, & x\geqslant0\\0, & x<0\end{cases}$

11. (1)

Y	0	1	4	9
P	$\dfrac{1}{5}$	$\dfrac{7}{30}$	$\dfrac{1}{5}$	$\dfrac{11}{30}$

,(2) $\dfrac{13}{30}$

12. (1) $F(x)=\begin{cases}0, & x<1\\2x+\dfrac{2}{x}-4, & 1\leqslant x<2\\1, & x\geqslant2\end{cases}$,(2) $\dfrac{2}{3}$

13. (1) $c = \dfrac{11}{30}$,(2)

Y	0	1	4	9
P	$\dfrac{1}{5}$	$\dfrac{7}{30}$	$\dfrac{1}{5}$	$\dfrac{11}{30}$

14. (1) $C = \dfrac{1}{2a}$,(2) $F(x) = \begin{cases} \dfrac{1}{2}\mathrm{e}^{\frac{x}{a}}, & x < 0 \\[2mm] 1 - \dfrac{1}{2}\mathrm{e}^{-\frac{x}{a}}, & x \geqslant 0 \end{cases}$

15. (1) $A = 1$,(2) $1 - \dfrac{\mathrm{e}}{2}\ln 2$

16. (1) $k = \dfrac{1}{6}$,(2) $\dfrac{1}{4}$

17. (1) $1 - \mathrm{e}^{-5}$,(2) $f_Y(y) = \begin{cases} \dfrac{1}{2\sqrt{y}}\mathrm{e}^{-\sqrt{y}}, & y > 0 \\[2mm] 0, & y \leqslant 0 \end{cases}$

18. $\dfrac{1}{\sqrt{2\pi}\sigma}\mathrm{e}^{-\frac{(y-\mu)^2}{2\sigma^2}}$

19. (1) $A = 1$,(2) 0.25

20.
X	0	1	2
P	0.42	0.46	0.12

21. $P\{Y = k\} = \mathrm{C}_n^k (0.01)^k (0.99)^{n-k}, k = 0,1,2,\cdots,n$

22. (1) $k = 2$,(2) $\dfrac{1}{2}$

23. (1) $A = 1$,(2) 0.4

第三章　多维随机变量及其分布

一、选择题

1. A　2. D　3. B　4. C　5. C

二、解答题

1. 当 $a=\dfrac{2}{9}$，$b=\dfrac{1}{9}$ 时，相互独立。

2. (1) $f_X(x)=\begin{cases}e^{-x}, & x>0 \\ 0, & \text{其他}\end{cases}$，$f_Y(y)=\begin{cases}ye^{-y}, & y>0 \\ 0, & \text{其他}\end{cases}$，(2) 不相互独立。

3. (1) $f_X(x)=\begin{cases}xe^{-x}, & x>0 \\ 0, & x\leqslant 0\end{cases}$，$f_Y(y)=\begin{cases}\dfrac{1}{2}y^2 e^{-y}, & y>0 \\ 0, & y\leqslant 0\end{cases}$，(2) X 与 Y 不相互独立。

4. (1) $A=2$，(2) $f_X(x)=\begin{cases}e^{-x}, & x>0 \\ 0, & \text{其他}\end{cases}$，$f_Y(y)=\begin{cases}2e^{-2y}, & y>0 \\ 0, & \text{其他}\end{cases}$，(3) 相互独立。

5. (1) $A=12$，(2) $f_X(x)=\begin{cases}6x^2-4x^3, & 0\leqslant x\leqslant 1 \\ 0, & \text{其他}\end{cases}$

6. (1) $f_X(x)=\dfrac{1}{\pi(1+x^2)}$，$(-\infty<x<+\infty)$，$f_Y(y)=\dfrac{1}{\pi(1+y^2)}$，$(-\infty<x<+\infty)$，(2) 相互独立。

7. (1) $f_X(x)=\begin{cases}2e^{-2x}, & x>0 \\ 0, & x\leqslant 0\end{cases}$，$f_Y(y)=\begin{cases}e^{-y}, & y>0 \\ 0, & y\leqslant 0\end{cases}$，(2) 相互独立。

8. (1) $C=6$，(2) $f_X(x)=\begin{cases}2x, & 0<x<1 \\ 0, & \text{其他}\end{cases}$，$f_Y(y)=\begin{cases}3y^2, & 0\leqslant y\leqslant 1 \\ 0, & \text{其他}\end{cases}$，(3) 相互独立。

9. (1) $k=4.8$，(2) $f_X(x)=\begin{cases}2.4x^2(2-x), & 0\leqslant x\leqslant 1 \\ 0, & \text{其他}\end{cases}$，
$f_Y(y)=\begin{cases}7.6y-9.6y^2+2.4y^3, & 0\leqslant y\leqslant 1 \\ 0, & \text{其他}\end{cases}$

10. (1) $c=12$，(2) $f_X(x)=\begin{cases}3e^{-3x}, & x>0 \\ 0, & x\leqslant 0\end{cases}$，$f_Y(y)=\begin{cases}4e^{-4y}, & y>0 \\ 0, & y\leqslant 0\end{cases}$

11. (1) $k=1$, (2) $f_X(x)=\begin{cases}e^{-x}, & x>0 \\ 0, & 其他\end{cases}$, $f_Y(y)=\begin{cases}e^{-y}, & y>0 \\ 0, & y\leqslant 0\end{cases}$,

(3) $(1-e^{-1})^2$

12. (1) $k=6$, (2) $f_X(x)=\begin{cases}6(x-x^2), & 0\leqslant x\leqslant 1 \\ 0, & 其他\end{cases}$, $f_Y(y)=$

$\begin{cases}6(\sqrt{y}-y), & 0\leqslant y\leqslant 1 \\ 0, & 其他\end{cases}$, (3) 不相互独立。

13. $f_Y(y)=\begin{cases}2(1-y), & 0\leqslant y\leqslant 1 \\ 0, & 其他\end{cases}$

14. (1) $(1-e^{-3})(1-e^{-8})$, (2) $f_X(x)=\begin{cases}3e^{-3x}, & x>0 \\ 0, & x\leqslant 0\end{cases}$

15. (1) $A=\dfrac{4}{7}$, (2) X 与 Y 不独立

16. $A=\dfrac{1}{4}$

17. $\alpha=\beta=0.35$

18. $\dfrac{1}{4}$

第四章　随机变量的数字特征

一、填空题

1. $\dfrac{27}{64}$　2. 0.75　3. 2.4　4. $\dfrac{1}{3}$　5. 1　6. 4　7. $\dfrac{4}{3}$　8. 12　9. 45

10. 2　11. 1　12. 44　13. 2.4　14. $np, np(1-p)$　15. 12　16. $4, 2.4$

17. 0.75　18. 9　19. $3, 4^2$　20. $11, 20$　21. $\dfrac{1}{\sqrt{2\pi}\sigma}e^{-\frac{(x-\mu)^2}{2\sigma^2}}$

22. $\dfrac{2^k e^{-2}}{k!}, 2$　23. $0, 1$

二、选择题

1. B　2. D　3. B　4. B　5. B　6. D　7. A　8. A　9. B　10. B
11. B　12. B　13. B　14. C　15. C　16. A

三、计算题

1. $0, \dfrac{1}{6}$　2. $c=3, a=2$　3. $1, \dfrac{1}{6}$　4. (1) $a=2$, (2) $\dfrac{2}{3}, \dfrac{1}{18}$　5. $0, \dfrac{1}{2}$

6. (1) $a=\dfrac{3}{5}, b=\dfrac{6}{5}$, (2) $\dfrac{2}{25}$　7. $\dfrac{152}{81}$　8. θ, θ^2　9. (1) $A=1$, (2) 0.25,

(3) $\dfrac{2}{3}, \dfrac{1}{18}$　10. 0.7　11. $2\ln 2$　12. $\dfrac{1}{18}$　13. $\dfrac{1}{18}$　14. $\rho_{XY}=0$　15. (1) $A=$

$\dfrac{1}{4}$, (2) X 与 Y 不相关　16. $\rho_{UV}=\rho_{XY}$　17. $-\dfrac{1}{36}$

第五章　大数定律与中心极限定理

一、填空题

1. $1-\dfrac{D\xi}{\varepsilon^2}$　2. $\dfrac{16}{25}$　3. 0　4. 0.5　5. 0.8002　6. 0.9191　7. 0.8413

二、选择题

1. B　2. D　3. B　4. D

三、解答题

1. 2000　2. 可以确信　3. 0.96　4. 设 ξ 的密度为 $\varphi(x)$，则

$$P\{|\xi-E\xi|\geqslant\varepsilon\} = \int_{|x-E\xi|\geqslant\varepsilon}\varphi(x)\mathrm{d}x \leqslant \int_{|x-E\xi|\geqslant\varepsilon}\varphi(x)\frac{(x-E\xi)^2}{\varepsilon^2}\mathrm{d}x \leqslant$$

$$\frac{1}{\varepsilon^2}\int_{-\infty}^{+\infty}(x-E\xi)^2\varphi(x)\mathrm{d}x = \frac{D(\xi)}{\varepsilon^2}.$$

5. 可以确信　6. 对于任给的 $\varepsilon>0$，当 n 充分大后有 $\dfrac{M}{\sqrt{np(1-p)}}<\varepsilon$，故

$$P\{|\xi-np|<M\} = P\left\{\frac{|\xi-np|}{\sqrt{np(1-p)}}<\frac{M}{\sqrt{np(1-p)}}\right\} \leqslant P\left\{\frac{|\xi-np|}{\sqrt{np(1-p)}}<\varepsilon\right\}.$$

由德莫佛-拉普拉斯中心极限定理得

$$\lim_{n \to \infty} P\left\{ \frac{|\xi - np|}{\sqrt{np(1-p)}} < \varepsilon \right\} = \int_{-\varepsilon}^{\varepsilon} \frac{1}{\sqrt{2\pi}} e^{-\frac{x^2}{2}} \mathrm{d}x < \int_{-\varepsilon}^{\varepsilon} 1 \mathrm{d}x = 2\varepsilon,$$

由于 ε 的任意性得 $\lim\limits_{n \to \infty} P\{|\xi_n - np| < M\} = 0$。

　　7. 0.6826　8. 0.806　9. 0.1802　10. 0.95　11. 0.047　12. 61

13. 0.9859　14. 0.8944　15. 不能相信　16. 1598700　17.（1）0.9582

（2）0.0418

第六章　数理统计的基础知识

一、填空题

　　1. $t(n)$　2. n　3. μ　4. $N(0,1)$　5. $t(n-1)$　6. $\chi^2(n-1)$　7. $t(9)$

8. -3　9. $\chi^2(n-1)$　10. $\chi^2(n-1)$

二、选择题

　　1. D　2. C　3. B　4. C　5. B　6. A　7. A　8. A　9. C　10. C

三、解答题

　　1. $f(x_1, x_2, \cdots, x_n) = \prod\limits_{i=1}^{n} f(x_i)$

$$= \begin{cases} \prod\limits_{i=1}^{n} (\theta+1) x_i^{\theta} = (\theta+1)^n (\prod\limits_{i=1}^{n} x_i)^{\theta}, & 0 < x_1, x_2, \cdots, x_n < 1 \\ 0, & \text{其他} \end{cases}。$$

　　2. 因为 $f(x) = \begin{cases} \dfrac{1}{b}, & 0 < x < b \\ 0, & \text{其他} \end{cases}$,

所以 $f(x_1, x_2, \cdots, x_n) = \prod\limits_{i=1}^{n} f(x_i) = \begin{cases} \prod\limits_{i=1}^{n} \dfrac{1}{b} = \dfrac{1}{b^n}, & 0 < x_1, x_2, \cdots, x_n < b \\ 0, & \text{其他} \end{cases}。$

3. 因为 $f(x) = \dfrac{1}{\sqrt{2\pi}\sigma} e^{\frac{(x-1)^2}{2\sigma^2}}$，所以 $f(x_1, x_2, \cdots, x_n) = \displaystyle\prod_{i=1}^{n} \dfrac{1}{\sqrt{2\pi}\sigma} e^{\frac{(x_i-1)^2}{2\sigma^2}} =$

$(2\pi)^{-\frac{n}{2}} (\sigma^2)^{-\frac{n}{2}} e^{\frac{1}{2\sigma^2} \sum\limits_{i=1}^{n} (x_i-1)^2}$。

4. $P\{X_1 = x_1, X_2 = x_2, \cdots, X_n = x_n\} = \displaystyle\prod_{i=1}^{n} P\{X = x_i\} = \prod_{i=1}^{n} p^{x_i} (1-p)^{1-x_i}$

$= p^{\sum\limits_{i=1}^{n} x_i} (1-p)^{n - \sum\limits_{i=1}^{n} x_i}$。

5. $P\left\{ \displaystyle\sum_{i=1}^{10} X_i^2 > 1.44 \right\} = P\left\{ \displaystyle\sum_{i=1}^{10} \left(\dfrac{X_i - 0}{0.3} \right)^2 > \dfrac{1.44}{0.09} = 16 \right\}$，因为 $\chi_\alpha^2(10) =$

$16, \alpha = 0.1$，所以 $P\left\{ \displaystyle\sum_{i=1}^{10} X_i^2 > 1.44 \right\} = 0.1$。

第七章　参数估计

一、填空题

1. $\left(\overline{X} - \dfrac{S}{\sqrt{n}} t_{\frac{\alpha}{2}}(n-1), \overline{X} + \dfrac{S}{\sqrt{n}} t_{\frac{\alpha}{2}}(n-1) \right)$　　2. $\left(40 - \dfrac{1}{4} u_{0.025}, 40 + \dfrac{1}{4} u_{0.045} \right)$

3. $\left(\dfrac{(n-1)S^2}{\chi_{\frac{\alpha}{2}}^2(n-1)}, \dfrac{(n-1)S^2}{\chi_{1-\frac{\alpha}{2}}^2(n-1)} \right)$　　4. 62　　5. (5.347, 6.653)　　6. (0.056,

0.207)　7. (14.802, 14.998)　8. (0.0218, 0.0958)　9. (8.048, 64.734)

10. (0.038, 0.168)　11. (29.705, 238.931)　12. 35　13. (4.804, 5.196)

14. (9.787, 10.213)

二、选择题

1. A　2. B　3. C　4. C　5. C

三、解答题

1. (1) $\hat{\theta} = \dfrac{2\overline{X} - 1}{1 - \overline{X}}$，(2) $\hat{\theta} = -\dfrac{\displaystyle\sum_{i=1}^{n} \ln X_i + n}{\displaystyle\sum_{i=1}^{n} \ln X_i}$　　2. (1) $\hat{\theta} = \dfrac{\overline{X}}{\overline{X} - C}$，(2) $\hat{\theta} =$

$$\frac{n}{\sum_{i=1}^{n}\ln X_i - n\ln C}\quad 3. \ (1)\ \hat{\theta}=\frac{\overline{X}^2}{(1-\overline{X})^2},(2)\ \hat{\theta}=\frac{n^2}{\left(\sum_{i=1}^{n}\ln X_i\right)^2}\quad 4. \ (1)\ \hat{\theta}=$$

$$\frac{\overline{X}}{1-\overline{X}},(2)\ \hat{\theta}=-\frac{n}{\left(\sum_{i=1}^{n}\ln X_i\right)}\quad 5. \ (1)\ \hat{\mu}=\overline{x},(2)\ \hat{\mu}=\overline{x}\quad 6. \ \hat{\delta}=\frac{1}{n}\sum_{i=1}^{n}x_i^2$$

$$7. \ (1)\ \hat{\lambda}=\frac{\overline{x}}{1-\overline{x}},(2)\ \hat{\lambda}=-\frac{n}{\ln(x_1 x_2 \cdots x_n)}\quad 8. \ (1)\ \hat{\lambda}=\frac{1}{\overline{X}},(2)\ \hat{\lambda}=\frac{1}{\overline{X}}$$

$$9. \ (1)\ \hat{\sigma}^2=\frac{1}{n}\sum_{i=1}^{n}(X_i-\overline{X})^2,(2)\ 不是无偏估计\quad 10. \ (1)\ \hat{p}=\frac{\overline{X}}{n},(2)\ \hat{p}=\frac{\overline{X}}{n}$$

$$11. \ (1)\ \hat{b}=2\overline{X},(2)\ \hat{b}=\max(X_1,\cdots,X_n)\quad 12. \ (1)\ \hat{\sigma}_M^2=\frac{1}{n}\sum_{i=1}^{n}(X_i-1)^2,$$

$$(2)\ \hat{\sigma}_L^2=\frac{1}{n}\sum_{i=1}^{n}(X_i-1)^2\quad 13. \ (1)\ \hat{\lambda}=\overline{X},(2)\ \hat{\lambda}=\overline{X}\quad 14. \ (1)\ \hat{p}=\overline{X},$$

$$(2)\ \hat{p}=\overline{X}\quad 15. \ (1)\ \hat{\theta}=\frac{5}{6},(2)\ \hat{\theta}=\frac{5}{6}$$

第八章　假设检验

1. 略　2. 略　3. B　4. A

5. 解:根据题意需检验假设,$H_0:\mu=1.40,H_1:\mu\neq1.40$,

选取统计量 $U=\dfrac{\overline{X}-\mu_0}{\dfrac{\sigma_0}{\sqrt{n}}}\sim N(0,1)$,

拒绝域为:$W=\{|U|>u_{\frac{\alpha}{2}}=1.96\}$,

计算得:$U=\dfrac{1.39-1.40}{\dfrac{0.04}{5}}=-1.25\notin W$,

接受原假设,即与原设计标准值 1.40 没有显著差异。

6. 解:根据题意需检验假设,$H_0:\mu\geq9.73,H_1:\mu<9.73$,

选取统计量 $U = \dfrac{\overline{X} - \mu_0}{\dfrac{\sigma_0}{\sqrt{n}}} \sim N(0,1)$,

拒绝域为:$W = \{U < -u_{0.05}\} = (-\infty, -1.65)$,

计算得:$U = \dfrac{9.89 - 9.73}{\dfrac{1.62}{10}} = 0.99 \notin W$,

接受原假设,即可以认为新的上浆法造成了断头根数的显著增加。

7. 解:根据题意需检验假设,$H_0 : \mu = 10.5, H_1 : \mu \neq 10.5$,

选取统计量 $U = \dfrac{\overline{X} - \mu_0}{\dfrac{\sigma_0}{\sqrt{n}}} \sim N(0,1)$,

拒绝域为:$W = \{|U| > u_{0.025} = 1.96\}$,

计算得:$U = \dfrac{10.48 - 10.5}{\dfrac{0.15}{4}} = -0.53 \notin W$,

接受原假设,即可以认为该切割机工作正常。

8. 解:根据题意需检验假设,$H_0 : \mu \leqslant 4.55, H_1 : \mu > 4.55$,

选取统计量 $U = \dfrac{\overline{X} - \mu_0}{\dfrac{\sigma_0}{\sqrt{n}}} \sim N(0,1)$,

拒绝域为:$W = \{U > u_{0.05} = 1.65\}$,

计算得:$U = \dfrac{4.45 - 4.55}{\dfrac{0.11}{3}} = -2.73 \notin W$,

接受原假设,即可以认为铁水含碳量的均值显著降低。

9. 解:根据题意需检验假设,$H_0 : \mu = 3.25, H_1 : \mu \neq 3.25$,

选取统计量 $t = \dfrac{\overline{X} - \mu_0}{\dfrac{S}{\sqrt{n}}} \sim t(15)$,

拒绝域为:$W = \{|t| > t_{0.005}(15) = 2.95\}$,

计算得:$t=\dfrac{3.21-3.25}{\dfrac{0.016}{4}}=-10\in W$,

拒绝原假设,即不能接受这批矿砂镍含量的均值为 3.25 的假设。

10. 解:根据题意需检验假设,$H_0:\mu=3140,H_1:\mu\neq3140$,

选取统计量 $t=\dfrac{\overline{X}-\mu_0}{\dfrac{S}{\sqrt{n}}}\sim t(24)$,

拒绝域为:$W=\{|t|>t_{0.025}(24)=2.06\}$,

计算得:$t=\dfrac{3160-3140}{\dfrac{300}{5}}=\dfrac{1}{3}\notin W$,

接受原假设,即可以认为现在与过去的新生儿(女)体重没有显著差异。

11. 解:根据题意需检验假设,$H_0:\mu\geqslant70,H_1:\mu<70$,

选取统计量 $t=\dfrac{\overline{X}-\mu_0}{\dfrac{S}{\sqrt{n}}}\sim t(24)$,

拒绝域为:$W=\{t<-t_{0.05}(24)=-2.06\}$,

计算得:$t=\dfrac{76.63-70}{\dfrac{15.05}{5}}=2.20\notin W$,

接受原假设,即可以认为该科的平均成绩明显高于 70。

12. 解:根据题意需检验假设,$H_0:\mu\leqslant300,H_1:\mu>300$,

选取统计量 $t=\dfrac{\overline{X}-\mu_0}{\dfrac{S}{\sqrt{n}}}\sim t(15)$,

拒绝域为:$W=\{t>t_{0.05}(15)=1.75\}$,

计算得:$t=\dfrac{241.5-300}{\dfrac{98.73}{4}}=-2.37\notin W$,

接受原假设,即可以认为元件的平均寿命小于 300 小时。

13. 解:根据题意需检验假设,$H_0:\sigma^2=5000,H_1:\sigma^2\neq5000$,

选取统计量$: \chi^2 = \dfrac{(n-1)S^2}{\sigma_0^2} \sim \chi^2(25)$,

拒绝域为$: W = \{0 < \chi^2 < \chi^2_{0.99}(25), \chi^2 > \chi^2_{0.01}(25)\} = (0, 11.52) \bigcup (44.31, +\infty)$,

计算得$: \chi^2 = \dfrac{25 \times 9200}{5000} = 46 \in W$,

拒绝原假设,即可以推断这批电池的寿命的波动性较以往有显著的变化。

14. 解:根据题意需检验假设$, H_0 : \sigma^2 \leqslant 16, H_1 : \sigma^2 > 16$,

选取统计量$: \chi^2 = \dfrac{(n-1)S^2}{\sigma_0^2} \sim \chi^2(9)$,

拒绝域为$: W = \{\chi^2 > \chi^2_{0.1}(9)\} = (14.68, +\infty)$,

$(n-1)s^2 = \displaystyle\sum_{i=1}^{10}(x_i - \bar{x})^2 = 160$,

计算得$: \chi^2 = \dfrac{160}{16} = 10 \notin W$,

接受原假设,即可以相信该厂生产的铜丝折断力的方差小于 16。

15. 解:根据题意需检验假设$, H_0 : \sigma^2 = 0.03, H_1 : \sigma^2 \neq 0.03$,

选取统计量$: \chi^2 = \dfrac{(n-1)S^2}{\sigma_0^2} \sim \chi^2(9)$,

拒绝域为$: W = \{0 < \chi^2 < \chi^2_{0.975}(9), \chi^2 > \chi^2_{0.025}(9)\} = (0, 2.70) \bigcup (19.02, +\infty)$,

计算得$: \chi^2 = \dfrac{9 \times 0.0375}{0.03} = 11.25 \notin W$,

接受原假设,即这段时间生产的铁水含碳量方差与正常情况下的方差没有显著差异。

16. 解:根据题意需检验假设$, H_0 : \mu_1 = \mu_2, H_1 : \mu_1 \neq \mu_2$,

选取统计量$: U = \dfrac{\overline{X} - \overline{Y}}{\sqrt{\dfrac{\sigma_1^2}{n_1} + \dfrac{\sigma_2^2}{n_2}}} \sim N(0, 1)$,

拒绝域为$: W = \{|U| > u_{0.025} = 1.96\}$,

计算得$: U = \dfrac{57.41 - 55.95}{\sqrt{\dfrac{5.77^2}{153} + \dfrac{5.17^2}{686}}} = 2.88 \in W$,

拒绝原假设,即两地区 20 岁男子平均体重有显著差异。

17. 解:根据题意需检验假设,$H_0:\mu_1=\mu_2,H_1:\mu_1\neq\mu_2$,

选取统计量:$t=\dfrac{\overline{X}-\overline{Y}}{S_w\sqrt{\dfrac{1}{n_1}+\dfrac{1}{n_2}}}\sim t(25)$,

其中,$S_w^2=\dfrac{(n_1-1)S_1^2+(n_2-1)S_2^2}{n_1+n_2-2}$,

拒绝域为:$W=\{\,|t|>t_{0.025}(25)=2.06\}$,

$S_w^2=\dfrac{8\times423^2+17\times380^2}{25}=394.27^2$,

计算得:$t=\dfrac{1532-1412}{394.27\times\sqrt{\dfrac{1}{9}+\dfrac{1}{18}}}=0.746\notin W$,

接受原假设,即两批灯泡的平均寿命没有显著差异。

18. 解:根据题意需检验假设,$H_0:\sigma_1^2=\sigma_2^2,H_1:\sigma_1^2\neq\sigma_2^2$,

选取统计量:$F=\dfrac{S_1^2}{S_2^2}\sim F(5,5)$,

拒绝域为:$W=\{0<F<F_{0.975}(5,5),F>F_{0.025}(5,5)\}=\left(0,\dfrac{1}{7.15}\right)\bigcup(7.15,+\infty)$,

计算得:$F=\dfrac{0.07866}{0.07100}=1.10789\notin W$,

接受原假设,即可以认为 σ_1^2 与 σ_2^2 没有显著差异。

模拟试卷一

一、填空题

1. 0.9 2. 0.25 3. 0.6247 4. 12 5. $\chi^2(n)$

二、选择题

1. B   2. C   3. B   4. C   5. B

三、解答题

1. 解:设 A＝"任取 2 只都是正品"

B＝"任取 2 只,其中 1 只正品,1 只次品"

(1) $P(A) = \dfrac{A_8^2}{A_{10}^2}$(或$\dfrac{C_8^2}{C_{10}^2}$)$= \dfrac{28}{45}$,

(2) $P(B) = \dfrac{2A_8^1 A_2^1}{A_{10}^2}$(或$\dfrac{C_8^1 C_2^1}{C_{10}^2}$)$= \dfrac{16}{45}$。

2. 解:设 A,B,C 分别表示该人乘火车、乘汽车和乘飞机,D 表示他正点到达上海,则

(1) $P(D) = P(A) \cdot P(D|A) + P(B)P(D|B) + P(C)P(D|C)$

$\qquad = 0.5 \times 0.95 + 0.3 \times 0.9 + 0.2 \times 1$

$\qquad = 0.945$,

(2) $P(A|D) = \dfrac{P(A)P(D|A)}{P(D)}$

$\qquad = \dfrac{0.5 \times 0.95}{0.945}$

$\qquad = 0.5026$。

3. 解:由 $\begin{cases} \displaystyle\int_0^1 cx^a \mathrm{d}x = 1 \\ \displaystyle\int_0^1 cx^{a+1} \mathrm{d}x = 0.75 \end{cases}$,可得 $\begin{cases} \dfrac{c}{a+1} = 1 \\ \dfrac{c}{a+2} = 0.75 \end{cases}$,

解得 $a = 2, c = 3$。

4. 解:(1) 由 $\displaystyle\int_{-\infty}^{+\infty} f(x)\mathrm{d}x = 1$ 得

$\displaystyle\int_{-\infty}^{+\infty} Ce^{-\frac{|x|}{a}}\mathrm{d}x = 2C\int_0^{+\infty} e^{-\frac{x}{a}}\mathrm{d}x = -2Ca\int_0^{+\infty} e^{-\frac{x}{a}}\mathrm{d}\left(-\frac{x}{a}\right) = 2aC = 1$,

所以 $C = \dfrac{1}{2a}$,即 X 的密度函数为 $f(x) = \dfrac{1}{2a}e^{-\frac{|x|}{a}}$ $(a>0)$。

(2) 当 $x < 0$ 时，$F(x) = \int_{-\infty}^{x} \frac{1}{2a} e^{\frac{t}{a}} dt = \frac{1}{2} e^{\frac{x}{a}}$，

当 $x \geqslant 0$ 时，$F(x) = \int_{-\infty}^{0} \frac{1}{2a} e^{\frac{t}{a}} dt + \int_{0}^{x} \frac{1}{2a} e^{-\frac{t}{a}} dt = 1 - \frac{1}{2} e^{-\frac{x}{a}}$。

故 $F(x) = \begin{cases} \dfrac{1}{2} e^{\frac{x}{a}}, & x < 0 \\ 1 - \dfrac{1}{2} e^{-\frac{x}{a}}, & x \geqslant 0 \end{cases}$。

(3) $P\{|X| < 2\} = P\{-2 < X < 2\} = F(2) - F(-2)$

$$= 1 - \frac{1}{2} e^{-\frac{2}{a}} - \frac{1}{2} e^{-\frac{2}{a}} = 1 - e^{-\frac{2}{a}}。$$

5. 解：$E(X) = \int_{0}^{1} x^2 dx + \int_{1}^{2} x(2-x) dx$

$$= \frac{1}{3} x^3 \Big|_{0}^{1} + x^2 \Big|_{1}^{2} - \frac{1}{3} x^3 \Big|_{1}^{2}$$

$$= 1,$$

$E(X^2) = \int_{0}^{1} x^3 dx + \int_{1}^{2} x^2(2-x) dx$

$$= \frac{1}{4} x^4 \Big|_{0}^{1} + \frac{2}{3} x^3 \Big|_{1}^{2} - \frac{1}{4} x^4 \Big|_{1}^{2}$$

$$= \frac{7}{6},$$

$D(X) = E(X^2) - [E(X)]^2$

$$= \frac{7}{6} - 1 = \frac{1}{6}。$$

6. 解：(1) $f_X(x) = \int_{-\infty}^{+\infty} f(x,y) dy$，

当 $x \leqslant 0$ 时，$f_X(x) = 0$，

当 $x > 0$ 时，$f_X(x) = \int_{0}^{+\infty} 2 e^{-(2x+y)} dy = 2 e^{-2x}$，

所以 $f_X(x) = \begin{cases} 2 e^{-2x}, & x > 0 \\ 0, & x \leqslant 0 \end{cases}$。

同理有 $f_Y(y) = \begin{cases} e^{-y}, & y > 0 \\ 0, & y \leqslant 0 \end{cases}$

（2）由（1）知：

$$f_X(x)f_Y(Y) = \begin{cases} 2e^{-(2x+y)}, & x > 0, y > 0 \\ 0, & \text{其他} \end{cases},$$

显然，在平面上都成立 $f(x,y) = f_X(x)f_Y(y)$，

所以，X 与 Y 是相互独立的。

7. 解：似然函数为

$$L(\alpha) = \prod_{i=1}^{n} (\alpha+1) \cdot x_i^{\alpha} = (\alpha+1)^n \cdot (x_1 x_2 \cdots x_n)^{\alpha},$$

令 $\dfrac{\mathrm{d}}{\mathrm{d}\alpha} \ln L(\alpha) = \dfrac{n}{\alpha+1} + \sum_{i=1}^{n} \ln x_i = 0$，得

$$\alpha = -1 - \dfrac{n}{\displaystyle\sum_{i=1}^{n} \ln x_i},$$

所以 $\hat{\alpha} = -1 - \dfrac{n}{\displaystyle\sum_{i=1}^{n} \ln X_i}$ 即为所求参数 α 的极大似然估计量。

模拟试卷二

一、填空题

1. 0.58　2. 0　3. $\dfrac{27}{64}$　4. $\Phi(-3)$ 或 $1-\Phi(3)$　5. $t(n-1)$

二、选择题

1. A　2. C　3. D　4. C　5. B

三、解答题

1. 解：设 $A_i =$ "杯子中球的最大个数为 i"，$i = 1, 2, 3$。

则 $P(A_1) = \dfrac{A_4^3}{4^3} = \dfrac{6}{16} = \dfrac{3}{8}$，

$P(A_2) = \dfrac{C_4^1 C_3^2 C_3^1}{4^3} = \dfrac{9}{16}$，

$P(A_3) = \dfrac{C_4^1 C_3^3}{4^3} = \dfrac{1}{16}$。

2. 解：设 A、B、C 分别表示三人能译出密码，则

$P(A) = \dfrac{1}{5}, P(B) = \dfrac{1}{3}, P(C) = \dfrac{1}{4}$。

（1）密码被译出的概率为：

$P(A \cup B \cup C) = 1 - P(\overline{A}) P(\overline{B}) P(\overline{C}) = \dfrac{3}{5}$。

（2）甲、乙译出而丙译不出的概率为：

$P(AB\overline{C}) = P(A) P(B) P(\overline{C}) = \dfrac{1}{5} \times \dfrac{1}{3} \times \dfrac{3}{4} = \dfrac{1}{20}$。

3. 解：（1）$P\left\{2 < X < \dfrac{5}{2}\right\} = F\left(\dfrac{5}{2}\right) - F(2) = \ln \dfrac{5}{2} - \ln 2 = \ln \dfrac{5}{4}$。

（2）由 $f(x) = F'(x)$，得：

$$f(x) = \begin{cases} \dfrac{1}{x}, & 1 < x < \mathrm{e} \\ 0, & \text{其他} \end{cases}$$

4. 解：$E(X) = \displaystyle\int_{-\infty}^{+\infty} x f(x)\,\mathrm{d}x = \int_{-\infty}^{+\infty} x\, \dfrac{1}{2} \mathrm{e}^{-|x|}\,\mathrm{d}x = 0$，

$E(X^2) = \displaystyle\int_{-\infty}^{+\infty} x^2 f(x)\,\mathrm{d}x = \int_{-\infty}^{+\infty} x^2\, \dfrac{1}{2} \mathrm{e}^{-|x|}\,\mathrm{d}x = \int_0^{+\infty} x^2 \mathrm{e}^{-x}\,\mathrm{d}x = 2$。

所以 $D(X) = E(X^2) - [E(X)]^2 = 2$。

5. 解：（1）由 $\dfrac{1}{5} + \dfrac{1}{6} + \dfrac{1}{5} + \dfrac{1}{15} + c = 1$，得 $c = \dfrac{11}{30}$。

（2）$Y = X^2$ 的分布律为

Y	0	1	4	9
P	$\dfrac{1}{5}$	$\dfrac{7}{30}$	$\dfrac{1}{5}$	$\dfrac{11}{30}$

（3）Y 的分布函数为 $F(y)=\begin{cases}0, & y<0 \\[2mm] \dfrac{1}{5}, & 0\leqslant y<1 \\[2mm] \dfrac{13}{30}, & 1\leqslant y<4 \\[2mm] \dfrac{19}{30}, & 4\leqslant y<9 \\[2mm] 1, & y\geqslant 9\end{cases}$。

6. 解：（1）由 $\displaystyle\int_{-\infty}^{+\infty}\int_{-\infty}^{+\infty}f(x,y)\mathrm{d}x\mathrm{d}y=1$，

得：$\displaystyle\int_{0}^{+\infty}\mathrm{d}x\int_{0}^{+\infty}k\mathrm{e}^{-x-y}\mathrm{d}y=\int_{0}^{+\infty}k\mathrm{e}^{-x}\mathrm{d}x=1$，

所以 $k=1$。

（2）$f_X(x)=\begin{cases}\displaystyle\int_{0}^{+\infty}\mathrm{e}^{-x-y}\mathrm{d}y, & x>0 \\ 0, & \text{其他}\end{cases}=\begin{cases}\mathrm{e}^{-x}, & x>0 \\ 0, & \text{其他}\end{cases}$，

$f_Y(y)=\begin{cases}\displaystyle\int_{0}^{+\infty}\mathrm{e}^{-x-y}\mathrm{d}x, & y>0 \\ 0, & \text{其他}\end{cases}=\begin{cases}\mathrm{e}^{-y}, & y>0 \\ 0, & \text{其他}\end{cases}$。

（3）因为 $f_X(x)f_Y(y)=f(x,y)$，

所以，X 与 Y 相互独立。

7. 解：（1）似然函数为

$L(P)=\displaystyle\prod_{i=1}^{n}p^{x_i}(1-p)^{1-x_i}=p^{\sum\limits_{i=1}^{n}x_i}(1-p)^{\sum\limits_{i=1}^{n}(1-x_i)}$，

$\ln L(p)=\ln p\displaystyle\sum_{i=1}^{n}x_i+\ln(1-p)\sum_{i=1}^{n}(1-x_i)$，

令 $\dfrac{\mathrm{d}\ln(p)}{\mathrm{d}p}=\dfrac{1}{p}\displaystyle\sum_{i=1}^{n}x_i+\dfrac{-1}{1-p}\sum_{i=1}^{n}(1-x_i)=0$，

故 p 的极大似然估计值为 $\hat{p}=\dfrac{1}{n}\sum\limits_{i=1}^{n}x_i=\overline{x}$。

(2) 由于 $E(X)=p$,所以 p 的矩估计值为 $\hat{p}=\overline{x}$。

模拟试卷三

一、填空题

1. 相互独立　2. $\dfrac{P(B_1)P(A|B_1)}{P(B_1)P(A|B_1)+P(B_2)P(A|B_2)}$　3. $N(3,4^2)$

4. 3.8　5. $N(0,1)$

二、选择题

1. B　2. B　3. B　4. A　5. C

三、计算题

1. 解:设 $A=$"甲击中目标",$B=$"乙击中目标",$C=$"目标被击中",

(1) $P(C)=P(A\bigcup B)=P(A)+P(B)-P(A)\cdot P(B)=0.88$;

(2) $P(A|C)=\dfrac{P(AC)}{P(C)}=\dfrac{0.7}{0.88}=\dfrac{35}{44}(\approx0.795)$。

2. 解:$P(\overline{B}A)=P(A-AB)=P(A)-P(AB)=P(A\bigcup B)-P(B)=$

$0.8-(1-0.4)=0.2$。

3. 解:(1) 由 $F(1)=F(1+0)$ 得:$A=1$,

故 $F(x)=\begin{cases}0, & x\leqslant0\\ x^2, & 0<x\leqslant1\\ 1, & x>1\end{cases}$。

(2) $P\{-1\leqslant x\leqslant0.5\}=F(0.5)-F(-1)=0.25$。

(3) $f(x)=F'(x)=\begin{cases}2x, & 0<x\leqslant1\\ 0, & \text{其他}\end{cases}$,

$E(X)=\displaystyle\int_{-\infty}^{+\infty}xf(x)\mathrm{d}x=\int_0^1 x\cdot2x\mathrm{d}x=\dfrac{2}{3}$,

$$D(X) = \int_{-\infty}^{+\infty} \left(x - \frac{2}{3}\right)^2 f(x)\,\mathrm{d}x = \int_0^1 \left(x - \frac{2}{3}\right)^2 \cdot 2x\,\mathrm{d}x = \frac{1}{18}.$$

4. 解:(1) 由题意可知:随机变量 Y 只可能取 $0,1,2$ 三个值,且有

$$P\{Y=0\} = \frac{1}{9}, P\{Y=1\} = \frac{1}{3} + \frac{2}{9} = \frac{5}{9}, P\{Y=2\} = \frac{1}{6} + \frac{1}{6} = \frac{1}{3},$$

所以随机变量 Y 的分布律为

Y	0	1	2
P	$\frac{1}{9}$	$\frac{5}{9}$	$\frac{1}{3}$

(2) $E(X) = (-2) \times \frac{1}{6} + (-1) \times \frac{2}{9} + 0 \times \frac{1}{9} + 1 \times \frac{1}{3} + 2 \times \frac{1}{6} = \frac{1}{9}$,

$E(X^2) = (-2)^2 \times \frac{1}{6} + (-1)^2 \times \frac{2}{9} + 1^2 \times \frac{1}{3} + 2^2 \times \frac{1}{6} = \frac{17}{9}$,

$D(X) = E(X^2) - [E(X)]^2 = \frac{17}{9} - \left(\frac{1}{9}\right)^2 = \frac{152}{81}.$

5. 解:(1) 由 $\int_{-\infty}^{+\infty}\int_{-\infty}^{+\infty} f(x,y)\,\mathrm{d}x\mathrm{d}y = 1$,

得: $C\int_0^1 x\mathrm{d}x\int_0^1 y^2\mathrm{d}y = 1$,

所以 $C=6$。

(2) $f_X(x) = \begin{cases} \int_0^1 6xy^2\,\mathrm{d}y, & 0<x<1 \\ 0, & \text{其他} \end{cases} = \begin{cases} 2x, & 0<x<1 \\ 0, & \text{其他} \end{cases}$,

$f_Y(y) = \begin{cases} \int_0^1 6xy^2\,\mathrm{d}x, & 0 \leqslant y \leqslant 1 \\ 0, & \text{其他} \end{cases} = \begin{cases} 3y^2, & 0 \leqslant y \leqslant 1 \\ 0, & \text{其他} \end{cases}$。

(3) 因为 $f_X(x)f_Y(y) = f(x,y)$,所以 X 与 Y 相互独立。

6. 解:(1) $E(X) = \int_0^1 xf(x)\,\mathrm{d}x = \int_0^1 \sqrt{\theta}x^{\sqrt{\theta}}\,\mathrm{d}x = \frac{\sqrt{\theta}}{\sqrt{\theta}+1}x^{\sqrt{\theta}+1}\Big|_0^1 = \frac{\sqrt{\theta}}{\sqrt{\theta}+1}$,

令 $E(X) = \frac{\sqrt{\theta}}{\sqrt{\theta}+1} = \bar{x} = \frac{1}{n}\sum_{i=1}^n x_i$,

得 θ 的矩估计值为 $\hat{\theta} = \left(\dfrac{\overline{x}}{1-\overline{x}} \right)^2$。

（2）似然函数为

$$L(\theta) = \prod_{i=1}^{n} \sqrt{\theta}\, x_i^{\sqrt{\theta}-1} = \theta^{\frac{n}{2}} \prod_{i=1}^{n} x_i^{\sqrt{\theta}-1},$$

$$\ln L(\theta) = \frac{n}{2}\ln \theta + (\sqrt{\theta}-1)\sum_{i=1}^{n}\ln x_i,$$

令 $\dfrac{\mathrm{d}\ln L(\theta)}{\mathrm{d}\theta} = \dfrac{n}{2\theta} + \dfrac{1}{2\sqrt{\theta}}\sum_{i=1}^{n}\ln x_i = 0,$

解得 θ 的极大似然估计值为：$\hat{\theta} = \dfrac{n^2}{\left(\sum\limits_{i=1}^{n}\ln x_i \right)^2}$。

7. 解：检验 $H_0 : \mu \leqslant \mu_0 = 225$；$H_1 : \mu > \mu_0$，

选取统计量：$t = \dfrac{\overline{X}-\mu_0}{\dfrac{S}{\sqrt{n}}},$

由题意条件得：$n=16, \overline{X}=241.5,$

从而 $t = \dfrac{\overline{X}-\mu_0}{\dfrac{S}{\sqrt{n}}} = 0.6685 < t_{0.05}(15) = 1.7531,$

故接受 H_0，即认为元件的平均寿命不大于 225 小时。

模拟试卷四

一、填空题

1. $\dfrac{C_{95}^{8}C_{5}^{2}}{C_{100}^{10}}$ 2. 12 3. $\left(\overline{X}-\dfrac{\sigma}{\sqrt{n}}z_{\frac{\alpha}{2}},\ \overline{X}+\dfrac{\sigma}{\sqrt{n}}z_{\frac{\alpha}{2}} \right)$ 4. 1 5. $\chi^2(n)$

二、选择题

1. A 2. B 3. B 4. C 5. C

三、计算题

1. 解：设 A,B,C 分别表张、王、赵解出难题的事件，则

(1) $P(A\overline{B}\,\overline{C}\bigcup\overline{A}B\overline{C}\bigcup\overline{A}\,\overline{B}C)=P(A)P(\overline{B})P(\overline{C})+P(\overline{A})P(B)P(\overline{C})+$

$P(\overline{A})P(\overline{B})P(C)=\dfrac{13}{30}$。

(2) $P(A\bigcup B\bigcup C)=1-P(\overline{A})P(\overline{B})P(\overline{C})=\dfrac{3}{5}$。

2. 解：设 $A_1=$"甲发出信号"，$A_2=$"乙发出信号"，$B=$"收到信号乙"，则有：

$$P(A_1)=\dfrac{2}{3},P(A_2)=\dfrac{1}{3},P(B\mid A_1)=0.02,P(B\mid A_2)=0.99。$$

于是有：

(1) $P(B)=P(A_1B)+P(A_2B)=P(B\mid A_1)P(A_1)+P(B\mid A_2)P(A_2)$

$$=0.02\times\dfrac{2}{3}+0.99\times\dfrac{1}{3}=\dfrac{103}{300}。$$

(2) $P(A_1\mid B)=\dfrac{P(A_1B)}{P(B)}=\dfrac{P(B\mid A_1)P(A_1)}{P(B)}$

$$=\dfrac{4}{103}。$$

3. 解：(1) 由 $\displaystyle\int_{-\infty}^{+\infty}f(x)\mathrm{d}x=\int_{-\infty}^{0}0\mathrm{d}x+\int_{0}^{+\infty}Ae^{-\lambda x}\mathrm{d}x=\dfrac{A}{\lambda}=1$，得 $A=\lambda$。

(2) $F(x)=\displaystyle\int_{-\infty}^{x}f(x)\mathrm{d}x$，当 $x<0$ 时，$F(x)=\displaystyle\int_{-\infty}^{x}0\mathrm{d}x=0$，

当 $x\geqslant0$ 时，$F(x)=\displaystyle\int_{-\infty}^{x}f(x)\mathrm{d}x=\int_{-\infty}^{0}0\mathrm{d}x+\int_{0}^{x}\lambda e^{-\lambda x}\mathrm{d}x=1-e^{-\lambda x}$，

所以 $F(x)=\begin{cases}1-e^{-\lambda x}, & x\geqslant0\\0, & x<0\end{cases}$。

4. 解：(1) $E(X)=(-2)\times0.4+0\times0.3+2\times0.3=-0.2$。

(2) $E(X^2)=(-2)^2\times0.4+0\times0.3+2^2\times0.3=2.8$。

(3) $E(3X^2+5)=3E(X^2)+5=3\times2.8+5=13.4$。

5. 解：(1) $f_X(x) = \displaystyle\int_{-\infty}^{+\infty} f(x,y)\mathrm{d}y$,

当 $x \leqslant 0$ 时，$f_X(x) = 0$,

当 $x > 0$ 时，$f_X(x) = \displaystyle\int_0^{+\infty} 2\mathrm{e}^{-(2x+y)}\mathrm{d}y = 2\mathrm{e}^{-2x}$,

所以 $f_X(x) = \begin{cases} 2\mathrm{e}^{-2x}, & x > 0 \\ 0, & x \leqslant 0 \end{cases}$,

同理有 $f_Y(y) = \begin{cases} \mathrm{e}^{-y}, & y > 0 \\ 0, & y \leqslant 0 \end{cases}$。

(2) 由(1)知：

$$f_X(x)f_Y(y) = \begin{cases} 2\mathrm{e}^{-(2x+y)}, & x > 0, y > 0 \\ 0, & \text{其他} \end{cases},$$

显然，在平面上都成立 $f(x,y) = f_X(x)f_Y(y)$,

所以，X 与 Y 是相互独立的。

6. 解：(1) $E(X) = \displaystyle\int_{-\infty}^{+\infty} xf(x)\mathrm{d}x$

$$= \int_0^1 (\theta+1)x^\theta x\mathrm{d}x = \frac{\theta+1}{\theta+2}x^{\theta+2}\bigg|_0^1 = \frac{\theta+1}{\theta+2},$$

令 $E(X) = \dfrac{\theta+1}{\theta+2} = \overline{X} = \dfrac{1}{n}\displaystyle\sum_{i=1}^n x_i$,

解得 θ 的矩估计量为：$\hat{\theta} = \dfrac{2\overline{X}-1}{1-\overline{X}}$。

(2) 似然函数为：

$$L(\theta) = \prod_{i=1}^n (\theta+1)x_i^\theta = (\theta+1)^n \prod_{i=1}^n x_i^\theta,$$

$$\ln L(\theta) = n\ln(\theta+1) + \theta\sum_{i=1}^n \ln x_i,$$

令 $\dfrac{\mathrm{d}\ln L(\theta)}{\mathrm{d}\theta} = \dfrac{n}{\theta+1} + \displaystyle\sum_{i=1}^n \ln x_i = 0$,

得 θ 的极大似然估计量为：$\hat{\theta} = -\dfrac{\sum\limits_{i=1}^{n}\ln X_i + n}{\sum\limits_{i=1}^{n}\ln X_i}$。

7. 解：检验 $H_0 : \mu \leqslant \mu_0 = 70$；$H_1 : \mu > \mu_0$，

选取统计量：$t = \dfrac{\overline{X} - \mu_0}{\dfrac{S}{\sqrt{n}}}$，

由题意条件得：$n = 19$，$\overline{X} = 76.6316$，$S = 15.023$，

从而 $t = \dfrac{\overline{X} - \mu_0}{\dfrac{S}{\sqrt{n}}} = 1.9241 > t_{0.05}(18) = 1.734$，

故拒绝 H_0，即认为该科的平均成绩大于对照组的平均成绩 70。

考研真题

一、选择题

1. D　2. D　3. D　4. B　5. A　6. C　7. B　8. C　9. C　10. B
11. A　12. C

二、填空题

1. $\dfrac{3}{4}$　2. $1 - \dfrac{1}{e}$　3. $\dfrac{2}{5n}$　4. $\dfrac{1}{2}$　5. $\dfrac{2}{9}$

三、解答题

1. （1）

Y \ X	0	1
-1	0	$\dfrac{1}{3}$
0	$\dfrac{1}{3}$	0
1	0	$\dfrac{1}{3}$

（2）

XY	-1	0	1
P	$\dfrac{2}{9}$	$\dfrac{5}{9}$	$\dfrac{2}{9}$

（3）$\rho_{XY}=0$

2.（1）$f_X(x)=\begin{cases}x, & 0<x\leqslant1 \\ 2-x, & 1<x\leqslant2, \\ 0, & \text{其他}\end{cases}$

（2）$f_{X|Y}(x|y)=\begin{cases}\dfrac{1}{2-2y}, & y<x<2-y \\ 0, & \text{其他}\end{cases}$

3.　解：

X	0	1	2
P	$\dfrac{1}{2}$	$\dfrac{1}{3}$	$\dfrac{1}{6}$

Y	0	1	2
P	$\dfrac{1}{3}$	$\dfrac{1}{3}$	$\dfrac{1}{3}$

XY	0	1	2	4
P	$\dfrac{2}{3}$	$\dfrac{1}{9}$	$\dfrac{1}{6}$	$\dfrac{1}{18}$

（1）$P\{X=2Y\}=P(X=0,Y=0)+P\{X=2,Y=1\}=\dfrac{1}{4}+0=\dfrac{1}{4}$。

（2）因为 $\mathrm{Cov}(X-Y,Y)=\mathrm{Cov}(X,Y)-\mathrm{Cov}(Y,Y)$，

$\mathrm{Cov}(X,Y)=E(XY)-E(X)E(Y)$，

其中 $E(X)=\dfrac{2}{3}$，$E(X^2)=1$，$E(Y)=1$，$E(Y^2)=\dfrac{5}{3}$，$E(XY)=\dfrac{2}{3}$，

所以 $D(X)=E(X^2)-[E(X)]^2=1-\dfrac{4}{9}=\dfrac{5}{9}$，

$$D(Y) = E(Y^2) - [E(Y)]^2 = \frac{5}{3} - 1 = \frac{2}{3},$$

所以，$\mathrm{Cov}(X,Y) = 0, \mathrm{Cov}(Y,Y) = D(Y) = \frac{2}{3}, \mathrm{Cov}(X-Y,Y) = -\frac{2}{3}$。

4. （1）$f_V(v) = \begin{cases} 2\mathrm{e}^{-2v}, & v > 0 \\ 0, & 其他 \end{cases}$，（2）2

5. 解：（1）依题意有 $\int_{-\infty}^{+\infty} f(x)\mathrm{d}x = 1$，即 $\int_0^3 \frac{1}{a}x^2\mathrm{d}x = \frac{1}{3a}x^3 \Big|_0^3 = \frac{9}{a} = 1 \Rightarrow a = 9$，

Y 的分布函数 $F_Y(y) = P\{Y \leqslant y\}$，

由 Y 的概率分布知，当 $y < 1$ 时，$F_Y(y) = 0$；

当 $y > 2$ 时，$F_Y(y) = 1$；

当 $1 \leqslant y \leqslant 2$ 时，

$$F_Y(y) = P\{Y \leqslant y\} = P\{Y = 1\} + P\{1 < Y \leqslant y\} = P\{Y = 1\} + P\{1 < X \leqslant y\}$$

$$= P\{X \geqslant 2\} + P\{1 < X \leqslant y\} = \int_2^3 \frac{1}{9}x^2\mathrm{d}x + \int_1^y \frac{1}{9}x^2\mathrm{d}x$$

$$= \frac{1}{27}(y^3 + 18),$$

所以 Y 的分布函数为 $F_Y(y) = \begin{cases} 0, & y < 1 \\ \dfrac{1}{27}(y^3 + 18), & 1 \leqslant y \leqslant 2 \\ 1, & y > 2 \end{cases}$。

（2）$P\{Y = 1\} = P\{X \geqslant 2\} = \int_2^3 \frac{1}{9}x^2\mathrm{d}x = \frac{19}{27}, P\{Y = 2\} = P\{X \leqslant 1\}$

$= \int_0^1 \frac{1}{9}x^2\mathrm{d}x = \frac{1}{27}, P\{1 < Y < 2\} = \frac{7}{27}$。

$$P\{X \leqslant Y\} = P\{X \leqslant Y \mid Y = 1\} P\{Y = 1\} + P\{X \leqslant Y \mid Y = 2\} P\{Y = 2\} +$$

$$P\{X \leqslant Y \mid 1 < Y < 2\} P\{1 < Y < 2\}$$

$$= \frac{19}{27}P\{X \leqslant 1\} + \frac{1}{27}P\{X \leqslant 2\} + \frac{7}{27}P\{X \leqslant X\}$$

$= \dfrac{19}{27} \times \dfrac{1}{27} + \dfrac{1}{27}\displaystyle\int_0^2 \dfrac{1}{9}x^2\,\mathrm{d}x + \dfrac{7}{27} = \dfrac{19}{27} \times \dfrac{1}{27} + \dfrac{1}{27} \times \dfrac{8}{27} + \dfrac{7}{27} = \dfrac{8}{27}$。

6. 解：(1) $E(X) = \displaystyle\int_{-\infty}^{+\infty} xf(x;\theta)\,\mathrm{d}x = \int_0^{+\infty} x \cdot \dfrac{\theta^2}{x^3}\mathrm{e}^{-\frac{\theta}{x}}\,\mathrm{d}x = \int_0^{+\infty} \dfrac{\theta^2}{x^2}\mathrm{e}^{-\frac{\theta}{x}}\,\mathrm{d}x =$

$\theta \displaystyle\int_0^{+\infty} \mathrm{e}^{-\frac{\theta}{x}}\,\mathrm{d}\left(-\dfrac{\theta}{x}\right) = \theta$,

令 $E(X) = \overline{X}$,则 $\overline{X} = \theta$,即 $\theta = \overline{X}$, 其中 $\overline{X} = \dfrac{1}{n}\displaystyle\sum_{i=1}^n X_i$。

(2) 对于总体 X 的样本值 $x_1, x_2, \cdots, x_n$,似然函数为

$L(\theta) = \displaystyle\prod_{i=1}^n f(x;\theta) = \prod_{i=1}^n \dfrac{\theta^2}{x_i^3}\mathrm{e}^{-\frac{\theta}{x_i}} \quad (x_i > 0)$,

$\ln L(\theta) = \displaystyle\sum_{i=1}^n \left(2\ln\theta - \ln x_i^3 - \dfrac{\theta}{x_i}\right)$,

令 $\dfrac{\mathrm{d}\ln L(\theta)}{\mathrm{d}\theta} = \displaystyle\sum_{i=1}^n \left(\dfrac{2}{\theta} - \dfrac{1}{x_i}\right) = \dfrac{2n}{\theta} - \sum_{i=1}^n \dfrac{1}{x_i} = 0$,得 $\theta = \dfrac{2n}{\displaystyle\sum_{i=1}^n \dfrac{1}{x_i}}$,

θ 的极大似然估计量 $\hat{\theta} = \dfrac{2n}{\displaystyle\sum_{i=1}^n \dfrac{1}{X_i}}$。

7. (1) $F_Y(y) = \begin{cases} 0, & y<0 \\[2mm] \dfrac{3}{4}y, & 0 \leqslant y < 1 \\[2mm] \dfrac{1}{2}\left(1 + \dfrac{1}{2}y\right), & 1 \leqslant y < 2 \\[2mm] 1, & y \geqslant 2 \end{cases}$, (2) $\dfrac{3}{4}$

8. (1)

$\begin{matrix} & X \\ Y & \end{matrix}$	0	1
0	$\dfrac{2}{9}$	$\dfrac{1}{9}$
1	$\dfrac{1}{9}$	$\dfrac{5}{9}$

（2）$\dfrac{4}{9}$

9. 解：$P\{x>3\}=\displaystyle\int_{3}^{+\infty}2^{-x}\ln2\mathrm{d}x=\dfrac{1}{8}$，

（1）$P\{Y=k\}=\mathrm{C}_{k-1}^{1}\left(\dfrac{1}{8}\right)^{2}\left(\dfrac{7}{8}\right)^{k-2}=(k-1)\left(\dfrac{1}{8}\right)^{2}\left(\dfrac{7}{8}\right)^{k-2}$，$k=2,3$，

4……

（2）$E(Y)=\displaystyle\sum_{k=2}^{+\infty}k(k-1)\left(\dfrac{1}{8}\right)^{2}\left(\dfrac{7}{8}\right)^{k-2}=\dfrac{1}{64}\sum_{k=2}^{+\infty}k(k-1)\left(\dfrac{7}{8}\right)^{k-2}$，

设级数 $S(x)=\dfrac{1}{64}\displaystyle\sum_{k=2}^{+\infty}k(k-1)x^{k-2}=\left[\dfrac{1}{64}\sum_{k=2}^{+\infty}x^{k}\right]^{n}=\dfrac{1}{64}\times\dfrac{2}{(1-x)^{3}}$，

$S\left(\dfrac{7}{8}\right)=16$，所以 $E(Y)=S\left(\dfrac{7}{8}\right)=16$。

10. 解：由题可得

（1）$E(X)=\displaystyle\int_{\theta}^{1}\dfrac{x}{1-\theta}\mathrm{d}x=\dfrac{1}{1-\theta}\cdot\dfrac{x^{2}}{2}\Big|_{\theta}^{1}=\dfrac{1+\theta}{2}$，

$\dfrac{1+\hat{\theta}}{2}=\dfrac{1}{n}\displaystyle\sum_{i=1}^{n}X_{i}\Rightarrow\hat{\theta}=\dfrac{2}{n}\sum_{i=1}^{n}X_{i}-1$，

（2）联合概率密度

$f(x_{1},x_{2},\cdots,x_{n};\theta)=\dfrac{1}{(1-\theta)^{n}}$，$\theta\leqslant x_{i}\leqslant1$，

$\ln f=-n\ln(1-\theta)$，$\dfrac{\mathrm{d}\ln f}{\mathrm{d}\theta}=\dfrac{n}{1-\theta}>0$，故取

$\hat{\theta}=\min\{X_{1},X_{2},\cdots,X_{n}\}$。

11. （1）$f(x,y)=\begin{cases}3,&(x,y)\in D\\0,&(x,y)\notin D\end{cases}$，（2）不独立

12. （1）$f_{T}(x)=\begin{cases}\dfrac{9x^{8}}{\theta^{9}},&0<x<\theta\\0,&\text{其他}\end{cases}$，（2）$a=\dfrac{10}{9}$